Juni 1910.

Königliche Technische Hochschule zu Berlin.

MITTEILUNGEN

der

Prüfungsanstalt für Heizungs- und Lüftungseinrichtungen

(Vorsteher: Dr.-Ing. Rietschel, Geh. Reg.-Rat und Professor).

Heft 2.

MÜNCHEN UND BERLIN.
Druck und Verlag von R. Oldenbourg.
1910.

Inhalt.

I. Untersuchung von Kondenstöpfen.

1. Einleitung.

Die mehrfachen Widersprüche, die in der Praxis über die Wirkung von Kondenstöpfen laut werden, veranlaßten die Prüfungsanstalt, die Ursachen hierfür festzustellen.

In erster Linie schien es aus ökonomischen Gründen erforderlich, die durch die Töpfe etwa verursachten Dampfverluste zu ermitteln. Bereits Josse[1]) und Eberle[2]) haben durch einfache praktische Versuche bei beliebigen, in anderweitigen Versuchseinrichtungen eingebauten Kondenstöpfen Dampfverluste bis zu 36%[3]) des zugeführten Kondensats festgestellt.

Des weiteren erschien es wichtig, die tatsächlichen Leistungen der Töpfe zu bestimmen, da ausschließlich nach diesen — nicht aber, wie es vielfach in der Praxis geschieht, nach der Anschlußweite der zugehörigen Kondensleitung — die Bestellung der Töpfe zu erfolgen hat.

Schließlich war auch dem »Durchschlagen der Töpfe« und hiermit im Zusammenhang den hinter den Töpfen bei freiem Austritt des Kondensats etwa auftretenden Drücken besondere Aufmerksamkeit zuzuwenden, da in dieser Beziehung, beeinflußt durch das starke Wrasen des hinter dem Topf plötzlich entspannten Kondensats, meist Fehlurteile gefällt werden.

Die Beobachtungen konnten sich naturgemäß nicht auf die Feststellung jener Schäden erstrecken, die im Dauerbetrieb durch Zerstörung einzelner Innenteile der Konstruktion auftreten, sondern sie umfaßten nach dem vorstehend Gesagten folgende Untersuchungen:

a) Bestimmung der Dampfverluste,
b) Feststellung der Leistungsfähigkeit (Anstaugrenze),
c) Ermittlung des hinter dem Topf bei freiem Austritt des Kondensats auftretenden Druckes.

2. Theoretische Grundlage der Versuche.

(S. schematische Darstellung Fig. 1.)

a) Bestimmung der Dampfverluste.

Der einer Hoch-, Mittel- oder Niederdruckleitung unter Benutzung der Ventile V_1 bis V_3 entnommene, durch einen Wasserabscheider *Sa* entwässerte

[1]) E. Josse, »Neuere Wärmekraftmaschinen«, Oldenbourg, München 1905.

[2]) Chr. Eberle, »Wärme- und Spannungsverlust bei Fortleitung des gesättigten und überhitzten Wasserdampfes«, Zeitschr. des Vereins d. Ing. 1908.

[3]) Dieser Wert ist den Versuchen des Professors Josse entnommen, ist aber dort durch Beziehung auf den Gesamtdampfverbrauch der Veruchsanordnung nur mit 5% angegeben

Dampf wurde zur Ermöglichung einwandfreier Versuche zunächst mittels des Gasüberhitzers U bzw. des Drosselventiles V_4 um einige Grade überhitzt und dann mit Hilfe der Ventile V_5 bis V_8 in eine der im Kondensator A befindlichen Kupferschlangen geleitet. Letztere wurden von Wasser gekühlt, das zur Vermeidung größerer Wärmeverluste des nach außen gut isolierten Kondensators durch konzentrische Zylinder derart geführt wurde, daß die Differenz zwischen der Außenwasser- und der Raumtemperatur möglichst gering war. Der Abfluß des Kühlwassers erfolgte nach dem Wägegefäß I. Aus dem Kondensator A traten Dampf und Kondensat durch eines der Ventile V_9 bis V_{12} zum Kühler B. Die bezüglichen Rohrleitungen nahmen eine Reihe später zu besprechender Meßgeräte auf und führten schließlich zu dem zu untersuchenden Topf K, hinter dem das Kondensat (bzw. das Dampfwassergemisch) im Gefäß C weiter abgekühlt und endlich in ein Wägegefäß II geleitet wurde.

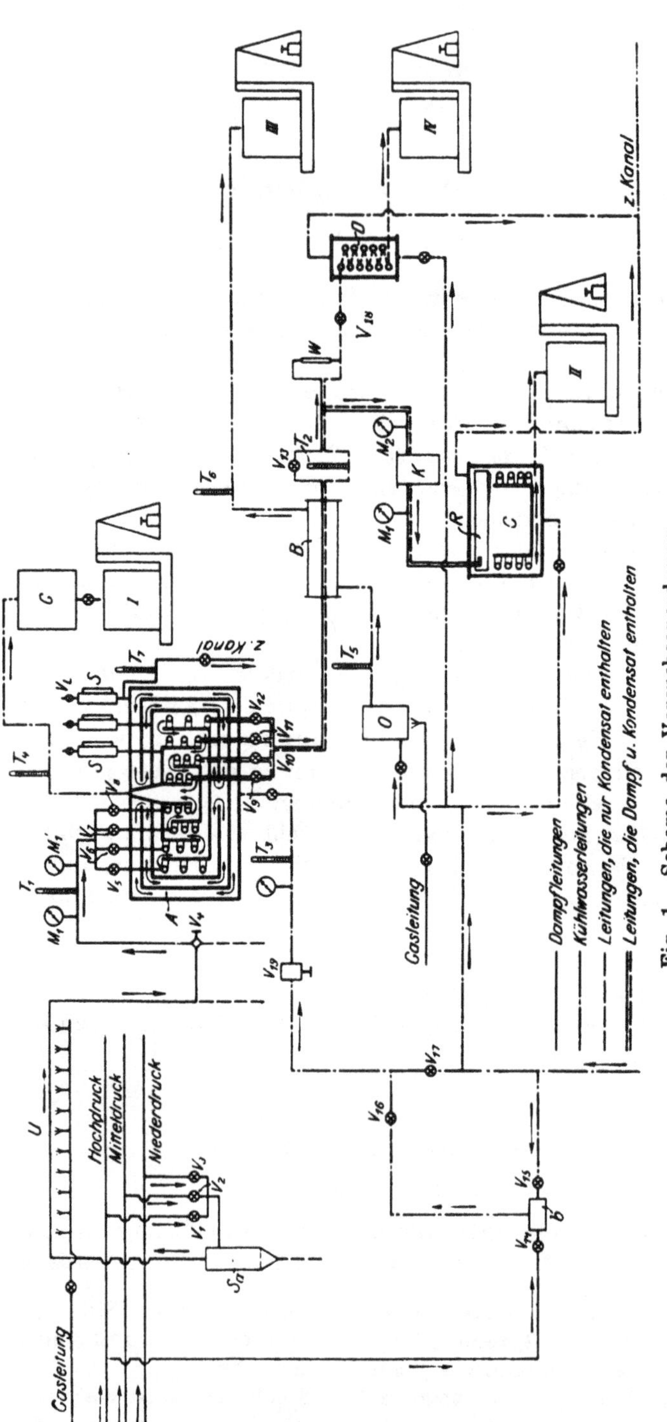

Fig. 1. Schema der Versuchsanordnung.

Bezeichnet:

p_1 die Dampfspannung bei Eintritt in die Schlangen (Niederdruckmanometer M_1, Hochdruckmanometer M_1') in atm. abs.,

t_1 die Dampftemperatur bei Eintritt in die Schlangen (Thermometer T_1) in Graden Celsius,

i_1 den Wärmeinhalt des Dampfes bei Eintritt in die Schlangen = Flüssigkeitswärme + Verdampfungswärme + Überhitzungswärme in WE/kg[1]),

p_2 die Dampfspannung bei Austritt aus dem Kühler B (Manometer M_2) in atm. abs.,

i_2 den der Spannung p_2 entsprechenden Wärmeinhalt des Dampfes = Flüssigkeitswärme + Verdampfungswärme in WE/kg[1]),

x_2 die spezifische Dampfmenge bei Austritt aus dem Kühler B,

t_2' die Kondensattemperatur bei Austritt aus dem Kühler B (Thermometer T_2) in Graden Celsius[2]),

q_2' die der Temperatur t_2' entsprechende Flüssigkeitswärme in WE/kg,

Q_A die Kühlwassermenge (Wage I) in kg/std.,

t_3 die Kühlwassertemperatur beim Eintritt (Thermometer T_3) in Graden Celsius,

q_A' die der Temperatur t_3 entsprechende Flüssigkeitswärme in WE/kg,

t_4 die Kühlwassertemperatur beim Austritt (Thermometer T_4) in Graden Celsius,

q_A'' die der Temperatur t_4 entsprechende Flüssigkeitswärme in WE/kg,

G das stündliche Dampfgewicht (Wage II) in kg,

W_A die Wärmetransmission des Kondensators A durch die Außenwände in WE/std.,

W_B die Wärmetransmission der Kondensatleitung von dem Austritt aus A bis zum Thermometer T_2,

so ist

$G\,i_1$ der Wärmeinhalt des Dampfes bei Eintritt in den Kondensator,

$G\,x_2\,i_2$ der Wärmeinhalt des Dampfes bei Austritt aus dem Kondensator,

$G\,(1 - x_2)\,q_2'$ der Wärmeinhalt des Kondensats bei Austritt aus dem Kühler B.

Da der Dampf keine äußere Arbeit leistet, so muß der Unterschied zwischen dem Wärmeinhalt des Dampfes im Anfangszustand und jenem des Dampfwassergemisches im Endzustand gleich der Summe der insgesamt abgegebenen Wärmemengen sein.

Somit gilt für den Beharrungszustand:

$$G\{i_1 - [x_2 i_2 + (1 - x_2)\cdot q_2']\} = Q_A (q_A'' - q_A') + W_A + W_B \quad . \; . \; 1)$$

daraus folgt:

$$x_2 = \frac{G\,(i_1 - q_2') - Q_A\,(q_A'' - q_A) - W_A - W_B}{G\,(i_2 - q_2')} \quad . \; . \; . \; . \; 2)$$

[1]) Die Werte i wurden aus den »Neuen Tabellen und Diagrammen für Wasserdampf« von Mollier (Springer 1906) entweder durch Interpolation ermittelt oder aus den Kurven direkt entnommen.

[2]) Zu ihrer Feststellung wurden unter Benutzung des Ventils V_{18} Dampf und Kondensat für kurze Zeit getrennt, so daß am Thermometer T_2 einwandfrei die Temperatur t_2' abgelesen werden konnte.

Der durch den Topf infolge Selbstkondensation, Dampfdurchlässigkeit, Strahlung und Leitung hervorgerufene Verlust in kg ist $G x_2$ und, ausgedrückt in Prozenten des dem Topf zugeführten Kondensats,

$$z = \frac{100\, x_2}{1 - x_2} \quad \ldots \ldots \ldots \ldots \quad 3)$$

Will man aus irgendeinem Grund eine künstliche Abkühlung des dem Topf zufließenden Kondensats herbeiführen, so kann dies unter Benutzung des Kühlers B erfolgen. Die Menge des ihm stündlich zugeführten Kühlwassers, das eventuell durch einen Gasofen O vorgewärmt werden kann, wurde im Wägegefäß III gemessen, die Kühlwassereintrittstemperatur durch Thermometer T_5 und die Austrittstemperatur durch T_6 bestimmt.

Bezeichnet:

Q_B die Kühlwassermenge des Kühlers B (Wage III) in kg/std.,

t_5 die Kühlwassertemperatur beim Eintritt (Thermometer T_5) in Graden Celsius,

q_B' die der Temperatur t_6 entsprechende Flüssigkeitswärme in WE/kg,

t_6 die Kühlwassertemperatur beim Austritt (Thermometer T_6) in Graden Celsius,

q_B'' die der Temperatur t_6 entsprechende Flüssigkeitswärme in WE/kg,

W_B' die nach außen auftretende Wärmetransmission des Kühlers B samt Anschlußleitungen in WE/std.,

so tritt an Stelle der Gleichung 1) die folgende:

$$G\{i_1 - [x_2 i_2 + (1 - x_2)\, q'_2]\} = Q_A (q''_A - q'_A) + Q_B (q''_B - q'_B) + W_A + W'_B \quad 4)$$

Hieraus ergibt sich:

$$x_2 = \frac{G(i_1 - q_2') - Q_A(q_A'' - q_A') - Q_B(q_B'' - q_B') - W_A - W_B'}{G(i_2 - q_2)} \quad 5)$$

b) Feststellung der Leistungsfähigkeit eines Topfes. (Anstaugrenze.)

Die größte Förderleistung eines Topfes wurde durch Anstauen des zugeführten Kondensats bestimmt, welcher Zustand am Wasserstand W zu erkennen war. Manche Töpfe stauten eine gewisse Wassermenge an und ließen sie periodisch ab, sodaß erst ein andauerndes Verschwinden des Wasserspiegels in W (entsprechend einer mehr als 20 l betragenden Staumenge) die überschrittene Maximalleistung kennzeichnete. Bei ihrer Feststellung wurde das Ventil V_{13} geschlossen und das Kondensat im Kühler B beliebig unterkühlt; die Wassermengenmessungen entfielen bis auf die im Wägegefäß II, aus der sich die Maximalleistung des Topfes unmittelbar ergab.

c) Ermittlung des hinter dem Topf bei freiem Austritt des Kondensats auftretenden Druckes.

Bei der Bestimmung des hinter dem Topf auftretenden Druckes handelte es sich nur um die Feststellung seines Maximums, dessen Anzeige durch das mit Maximumzeiger ausgerüstete Manometer M_8 erfolgte.

3. Einzelheiten der Versuchsanordnung.

(S. Tafel I.)[1])

Soweit die Versuchsanordnung aus der schematischen Darstellung Fig. 1 klar zu erkennen ist, wird, zur Vermeidung von Wiederholungen, auf diese verwiesen. Näherer Besprechung bedürfen aber noch folgende Anordnungen und Konstruktionen.

Der Dampfüberhitzer U bestand aus einem 2 m langen Eisenrohr, das durch einen nach außen isolierten, innen mit 35 Bunsenbrennern ausgestatteten Schamottekanal von 15 × 18 cm geführt wurde. Weiter gelangte der Dampf zu dem in Einzelzeichnung dargestellten Drosselventil V_4, vor dem mittels der Ventile V_d Dampfmesser zur Untersuchung eingeschaltet werden konnten.

Die im Kondensator A befindlichen Kupferschlangen besaßen Heizflächen von 0,4; 0,75; 1,2 und 1,5 qm. Diese Größenverhältnisse waren unter der Annahme gewählt worden, daß sich durch Steigerung der Wassergeschwindigkeit der Wärmedurchgangskoeffizient k auf das Doppelte erhöhen lasse, wodurch erreicht werden sollte, daß die in einer Schlange gebildeten maximalen Kondensatmengen den durch die nächst größere Schlange erzeugten minimalen Mengen annähernd gleich seien. Inwieweit die für k angenommenen Werte richtig waren, konnte erst ein Versuch zeigen, da die sie beeinflussende Kühlwassergeschwindigkeit wegen der vielfachen unbekannten Widerstände und Querschnitte im Gefäß A nicht von vornherein bestimmbar war. Die Erfahrungen bei den Versuchen zeigten, daß die erwarteten Werte von k nicht zutrafen, so daß zwischen den Lieferungen der einzelnen Schlangen Sprünge von mehr als 100 l/std. eintraten und auch die Mindestwassermenge der kleinsten Schlange die ursprüngliche Annahme weit überstieg. Diese Umstände führten zunächst zur Anordnung einer Kühlwasservorwärmung. Hierzu wurde mit Hilfe der Ventile V_{14} bis V_{17} (Fig. 1) im Nebenschluß zur Kaltwasserleitung ein Dampfwassermischhahn »Konstant« (b) der Firma Butzke A.-G., Berlin, angeordnet. Die Vorwärmung lieferte gute Ergebnisse, jedoch war es noch nicht möglich, die erzeugten Kondensatmengen genügend weit herabzudrücken. Daher wurde parallel zu der zum Kondenstopf führenden Leitung ein Nadelventil V_{18} mit Mikrometerantrieb eingebaut. Dieses gestattete unter sorgfältiger Beobachtung eines unmittelbar daneben befindlichen Wasserstandanzeigers W_1, beliebige Kondensatmengen ohne Dampfverlust vor dem Topf abzuzapfen und dem Kühler D sowie dem Wägegefäß IV zuzuführen. Hierdurch wurden die für den Topf gewünschten kleinen Kondensatmengen erreicht.

Die Füllung und Entleerung des Kondensators A wurde durch die acht Ventile V_f und V_e vorgenommen und die Entlüftung durch drei in die einzelnen Zylinder reichende Rohre ermöglicht, an deren Enden durch Ventile V_L absperrbare, mit Wasserstandsgläsern ausgestattete Luftsammler S angebracht waren. Von dem Entlüftungsrohr des äußersten Zylinders führte ein Abzweig zum Thermometer T_7, das die Temperatur der äußersten Wasserschicht anzeigte.

Das Kühlwasser selbst wurde der städtischen Leitung entnommen und zunächst einem Wasserdruck-Reduzierventil V_{19} (System Johnson, Gesellschaft für selbsttätige Temperaturregelung) zugeführt. Die Einstellung verschiedener Kühlwassermengen und deren genaue Einregelung erfolgte unter Betätigung des

[1]) Die Bezeichnungen der Tafel I entsprechen den Buchstaben der schematischen Anordnung Fig. 1.

Ventiles V_{20} von Hand aus. Die Einrichtungen zur Temperatur- und Mengenmessung des Kühlwassers sind unmittelbar aus Fig. 1 und Tafel I zu ersehen, und es sei nur erwähnt, daß G ein Sammelgefäß darstellt, das die während der Messung zufließenden Wassermengen aufnimmt.

Der Kühler B war als 0,5 m langes Doppelrohr (Durchmesser 25 und 76 mm) ausgeführt.

Der Kondenstopf K war zur leichteren Auswechslung durch ein Bleirohr mit dem Kühlgefäß C verbunden, in welchem das Kondensat zunächst in ein weites Rohr R eintrat. Letzteres diente zur Beruhigung der durch Druckentlastung plötzlich entstehenden Dampfmengen und ermöglichte in Verbindung mit der anschließenden Kühlschlange zunächst die Dampfkondensation und weiters die ohne Wrasenverlust stattfindende Ableitung des gesamten Kondensats nach dem Wägegefäß II. Das Kühlwasser des Gefäßes C floß nach Gebrauch ungemessen in den Kanal.

Die bei der Versuchsanordnung verwendeten Dampf- und Kondenswasserleitungen hatten 25 mm lichte Weite, mit Ausnahme der Rohrstrecke im Überhitzer, die auf 34 mm erweitert, und der Abzapfleitung, die auf 14 mm verengt war.

Als Isolation wurden angewandt: für das Gefäß A 10 cm starke Korkschalen, für alle Dampfleitungen 3 cm starke Korkschalen, für den Kühler B samt Anschlußleitungen aus Gründen der Montage 3 cm Seidenzopf und für die Kühlwasserleitungen zwischen den jeweiligen Ein- und Austrittsthermometern 3 cm starke Korkschalen bzw. ebenso starke Seidenzöpfe, alles bandagiert und gestrichen.

4. Meßinstrumente.

Bei den Versuchen wurden vorwiegend von der Physikalisch-Technischen Reichsanstalt geeichte Stabthermometer der Firma R. Fueß, Steglitz, verwandt; für die in Metallhülsen steckenden Winkelthermometer der Firma Schäffer & Budenberg, Magdeburg-Buckau (T_1, T_3 und T_4) waren durch Eichung im Ölbad besondere Korrektionskurven bestimmt worden. In den Auslauf des Kühlwassers aus Gefäß A war, um das Eintreten des Beharrungszustandes in bequemer Weise kenntlich zu machen, noch ein registrierendes Quecksilberthermometer T_R der Firma Schäfer & Budenberg, Magdeburg-Buckau, eingebaut. Zur Ausrechnung der Versuche konnten jedoch die Anzeigen dieses Thermometers wegen Unempfindlichkeit des Instrumentes gegenüber kleinen Schwankungen nicht verwandt werden.

Die mittelst Quecksilbermanometer vorgenommene Prüfung der Manometer der Firma Schäffer & Budenberg, Magdeburg-Buckau, ergab zu vernachlässigende Abweichungen. Manometer M_1 und M_1' waren Doppelmanometer von 1 bis 11 bzw. 1 bis 3 atm. abs. Manometer M_R ermöglichte neben der augenblicklichen Anzeige des Druckes hinter den Rohrspiralen auch noch dessen dauernde Aufzeichnung.

Die für die Wägung der Kühlwasser- bzw. Kondensatmengen benutzten Wagen von der Firma Gebr. Dopp, Berlin, waren vor den Versuchen auf ihre Genauigkeit geprüft worden, wobei sich eine maximale Unempfindlichkeit von 0,05 % ergab.

5. Vorversuche.

Zu deren Durchführung wurde an Stelle des zu untersuchenden Kondenstopfes ein Ventil eingebaut, durch dessen Drosselung das Kondensat dauernd bis in den Wasserstandsanzeiger gestaut wurde. Ein Dampfverlust konnte somit nicht eintreten und das errechnete Kondensat mußte mit dem gewogenen übereinstimmen. Mehrere Vorversuche, die genau so durchgeführt und ausgewertet worden waren wie die später besprochenen Hauptversuche, ergaben denn auch zwischen gewogenem und errechnetem Kondensat eine Abweichung von nur 0,3%.

6. Hauptversuche.

Von den mehr als 150 Hauptversuchen sei einer im nachstehenden genau beschrieben.

Zur Untersuchung stand z. B. ein Schwimmertopf, der bei 2 atm. abs. geprüft werden sollte. Der Dampf wurde der Hochdruckleitung mittels Ventils V_1 entnommen und durch das Drosselventil V_4 in die Rohrspirale IV (Tafel I) eingelassen, wobei bis zur vollen Durchwärmung und Entlüftung der ganzen Anordnung alle Kondenstöpfe der Versuchseinrichtung offen blieben.[1]) Der Überhitzer U fand keine Benutzung, da durch Drosselung mittels des Ventils V_4 bereits eine geringe Überhitzung eintrat. Gleichzeitig mit dem Dampf wurde das Kühlwasser für die Gefäße A und D angestellt, für dauernde und richtige Entlüftung von A durch Einstellen der Ventile V_L gesorgt und zunächst das Eintreten des Beharrungszustandes abgewartet. Dieser war bedingt durch konstanten Wasser- und Dampfdruck. Ersterer wurde wenigstens annähernd durch das Johnson-Ventil erreicht, letzterer unter Beobachtung des registrierenden Manometers M_R durch Betätigung des Drosselventils V_4 erzielt. Nach 1 bis 2 Stunden trat in der Kühlwassertemperatur Beharrungszustand ein, den das registrierende Thermometer T_R durch Aufzeichnung einer wagerechten Linie anzeigte. Nun begann der Versuch, der im allgemeinen ½ bis 1 Stunde dauerte. Die Ablesungen der Thermometer erfolgten alle 5 Minuten, die Wägungen von Kondensat und Kühlwasser viertelstündlich. Zum Auffangen des Kondensats dienten Gefäße von rd. 50 l Inhalt, die unter sekundenlangem Abschließen des Kondensatauslaufhahnes abwechselnd benutzt wurden.

Die einzelnen Ablesungen, sowie die Schlußrechnung zeigen Zahlentafel 1, bzw. Zahlentafel 2, wozu bemerkt sei, daß die Genauigkeitsgrenze der Versuche rd. ± 2% betrug.

7. Versuchsobjekte und Ergebnisse der Untersuchungen.

Von den zahlreichen Konstruktionen der Kondenswasserableiter sind nur einzelne Typen untersucht worden, und zwar

I. Ableiter mit beweglichen Teilen:
   1. Kondenstöpfe mit offenem Schwimmer:
      a) direkt wirkende:
         Jäger, Rothe & Nachtigall, Leipzig, Fig. 2,
      b) indirekt wirkende:
         Kolumbustopf von Nacke, Coswig i. S., Fig. 3,
   2. Kondenstöpfe mit geschlossenem Schwimmer:
         Dreyer, Rosenkranz & Droop, Hannover, Fig. 4.
   3. Rohrfederableiter:
         Jäger, Rothe & Nachtigall, Leipzig, Fig. 5.

[1]) Selbstverständlich wurden jene Versuchstöpfe, bei denen die Luft nicht selbsttätig entweichen konnte, bei Beginn, gebotenen Falles auch während der Versuche, von Hand aus sorgfältig entlüftet.

Fig. 2. **Jäger, Rothe & Nachtigall.**

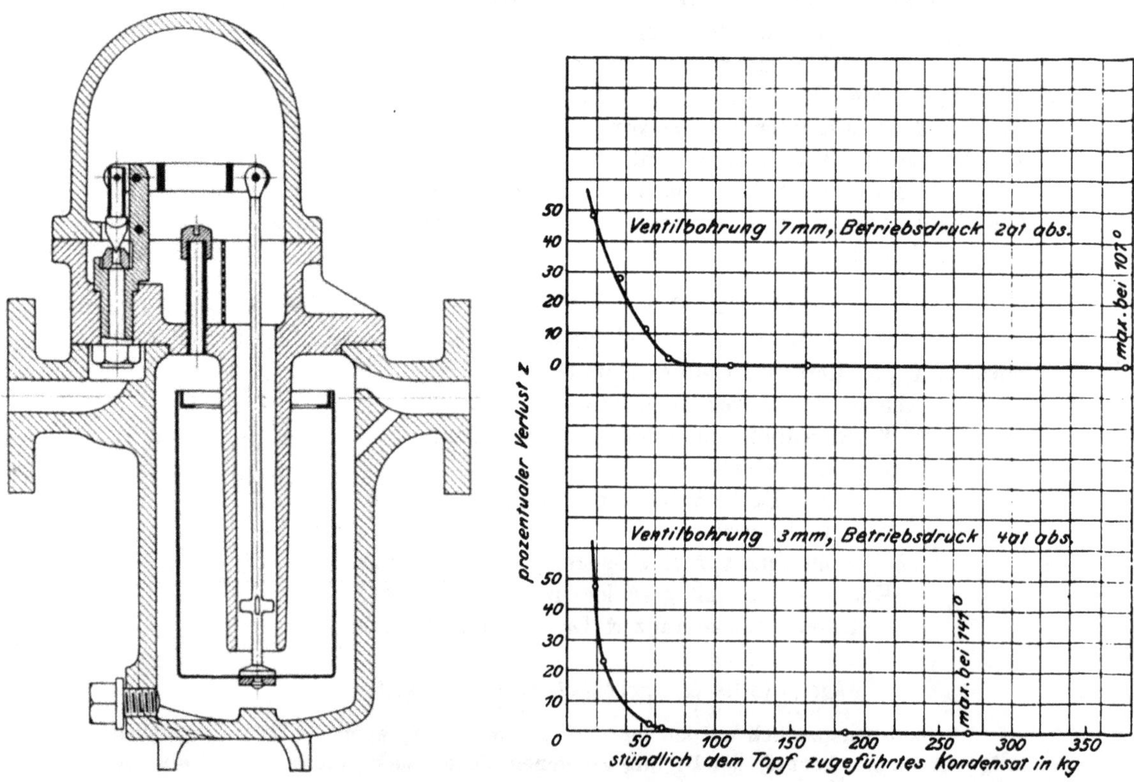

Fig. 3. **Nacke (Kolumbustopf).**

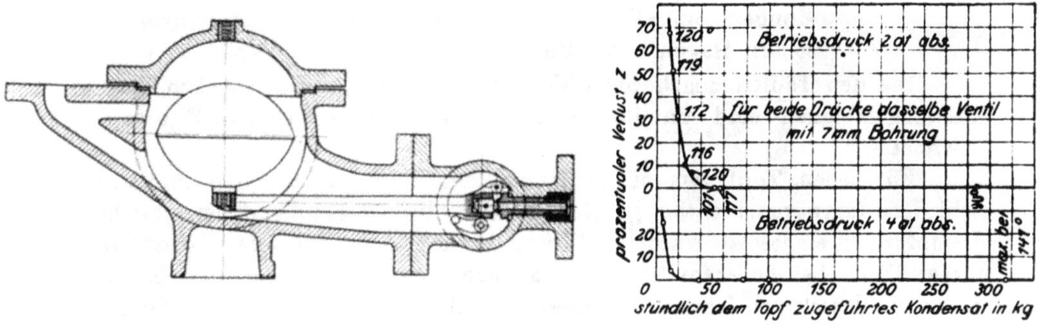

Fig. 4. Dreyer, Rosenkranz & Droop.

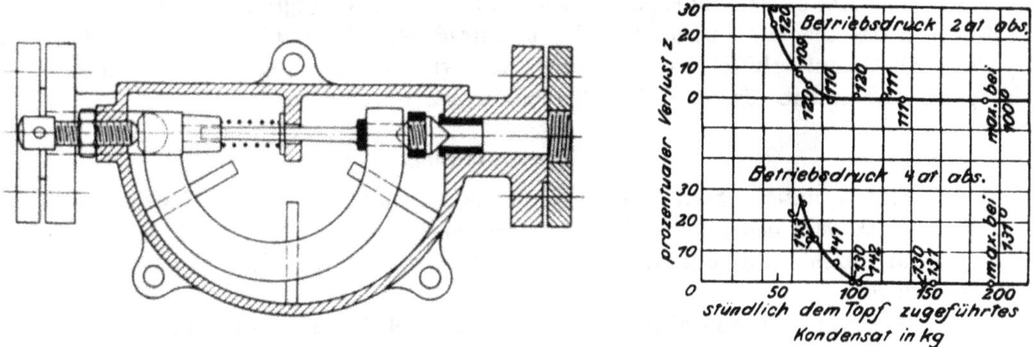

Fig. 5. Jäger, Rothe & Nachtigall.

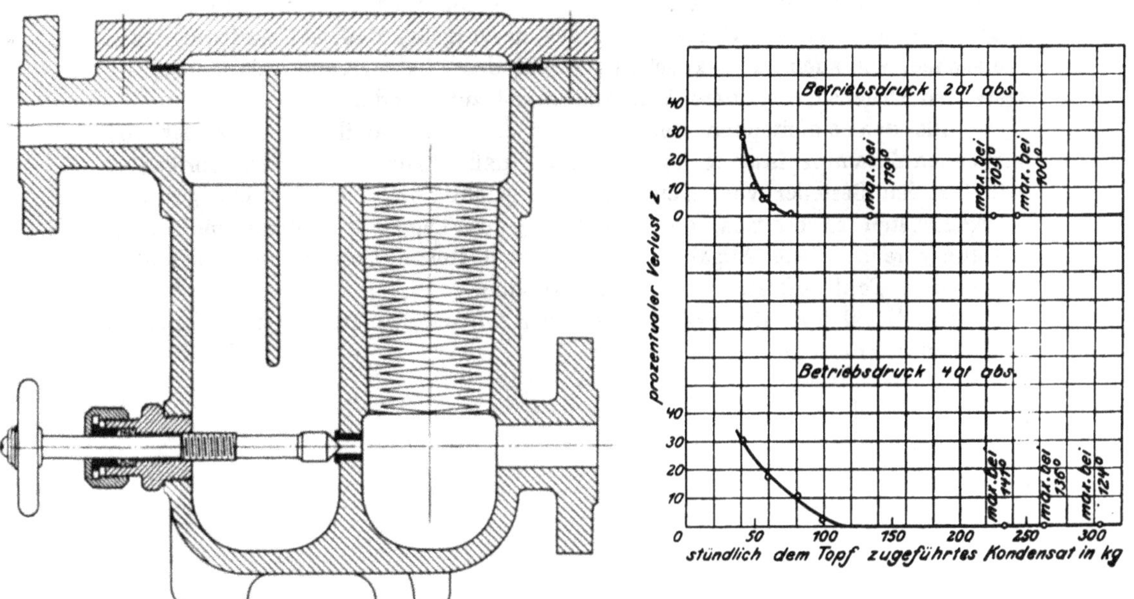

Fig. 6. Westfälische Apparatevertriebs-Gesellschaft (Kreuzstromtopf).

II. Ableiter ohne bewegliche Teile mit Ausnahme des Umgehungsventiles: Kondenstopf »Kreuzstrom«, Westfälische Apparatevertriebs-Gesellschaft, Hagen i. W., Fig. 6.

Die den Töpfen zugehörigen Verlustkurven, sowie die Angaben über die Leistungsfähigkeit sind unmittelbar neben den obenerwähnten Figuren verzeichnet.

Für jeden Topf mit offenem Schwimmer waren von den Firmen verschiedene Schwimmerventile geliefert worden, die entsprechend dem jeweiligen Dampfdruck eingesetzt wurden. Daraus erklärt sich, daß die Verlustkurven dieser Töpfe bei höherem Dampfdruck nicht ungünstiger werden, als es bei Belassen desselben Ventiles naturgemäß sein müßte. Bei dem Topf mit geschlossenem Schwimmer liegt zwar auch ohne Änderung des Ventiles bei wachsendem Dampfdruck die Verlustkurve tiefer, der Grund dafür ist jedenfalls in der inneren Konstruktion des Topfes zu suchen.

Die Kondensattemperaturen sind, wie die diesbezüglich in die Verlustkurven der Diagramme Fig. 4 und 5 eingetragenen Werte zeigen, ohne Einfluß auf die Dampfverluste, jedoch werden sie, wie aus den Fig. 2 und 6 hervorgeht, bestimmend für die Größe der maximalen Fördermenge.

8. Zusammenfassung.

a) Die untersuchten Kondenstöpfe haben eine bestimmte Fördermenge, von der abwärts bedeutende Dampfverluste auftreten.

b) Durch Unterkühlung des Kondensats werden die Verlustkurven nicht beeinflußt.

c) Die maximale Förderleistung eines Topfes ist abhängig von der Kondensattemperatur und steigt bei deren Fallen bis auf 100° in mehr oder minder hohem Maße.

d) Der Druck hinter den Töpfen war mit wenigen Ausnahmen gleich dem Druck der Atmosphäre, erreichte aber bei einer Versuchsreihe 1,13 und bei einer anderen sogar 1,5 atm. abs., woraus hervorgeht, daß bei diesbezüglichen Versuchen, wie auch im praktischen Betriebe den in den Kondensleitungen auftretenden Drücken besondere Aufmerksamkeit zuzuwenden ist.

Aus den einleitenden Bemerkungen dieser Abhandlung sowie der vorstehenden Zusammenfassung ist zu ersehen, daß es sowohl für den Fabrikanten wie für den Besteller von Kondenstöpfen wichtig ist, auf Versuche gestützte Verkaufslisten zu besitzen, die bezüglich jedes Topfes die obere und untere Leistungsgrenze sowie Angaben über den bei freiem Austritt des Kondensats hinter dem Topf auftretenden Druck enthalten.

Das Urteil über die Brauchbarkeit der Apparate im Dauerbetrieb steht der ausübenden Praxis zu.

Zahlentafel 1.

Modell: N. N. Anschluß $^{3}/_{4}$".

Nr. des Vers.	Zeit z in Min.	Dampf- temp. vor den Spiralen in ° C t_1	Dampf- druck in atm. abs. p_1	Kondensator A Kühlwasser- eintritt in ° C t_3	Kondensator A Kühlwasser- austritt in ° C t_4	Kondensator A Kühlwasser- menge in kg Q_A	Kühler B Kühlwasser- eintritt in ° C t_5	Kühler B Kühlwasser- austritt in ° C t_6	Kühler B Kühlwasser- menge in kg Q_B	Kondensat- temperatur in ° C t_2'	Kondensat- temperatur Fadentemp. in ° C t_u [1])	Kondensat- menge in kg G	Raumtemp. über A in ° C t_o
1	11^{30}	123,8	2,07	31,5	86,9		60,5	95,0		111,0	28,5		
2	^{35}	123,8	2,07	31,5	87,5		61,3	95,7		111,0	28,3		34,7
3	^{40}	123,5	2,06	31,3	87,8		61,2	95,0		110,0	28,5		
4	^{45}	123,8	2,10	31,5	87,5	42,30	60,6	96,2	29,87	111,2	29,5	8,90	34,7
5	^{50}	124,5	2,05	31,5	87,8		62,0	95,3		110,6	29,1		
6	^{55}	124,5	2,05	31,7	87,9		62,0	95,6		111,0	29,4		35,0
7	12^{00}	124,5	2,06	31,8	87,9		61,6	95,6		111,2	28,8		
8	^{05}	124,5	2,06	31,8	87,9	42,30	61,0	95,5	28,88	111,1	28,7	8,38	35,2
Mittel:		124,1	1,06	31,6	87,65	Sm 84,6	61,28	95,5	Sm 58,75	111,0	28,9	Sm 17,28	34,9
Korrektion:		+ 0,35	—	— 0,32	— 0,55	= 126,9	—	—	= 88,13	+ 1,1	—	= 25,92	—
Endwert:		124,45	1,06	31,28	87,1	kg/std.	61,28	95,5	kg/std.	112,1	28,9	kg/std.	34,9

Bemerkungen

1. Dampfspirale Nr. IV
2. Dampfdruck hinter dem Kondensator konstant . . . . $p_2 = 2,0$ atm. abs
3. Wassertemperat. im äußeren Zylinder v. A, oben . . . . $t_7 = 71,8$
4. Mittl. Wassertemp. im äußeren Zylinder von A . . $\frac{t_3 + t_7}{2}$ $t_w = 51,5$
5. Mittlere Raumtemp. um A . . $\frac{t_o + t_u}{2}$ $t_m = 31,9$
6. Stauh. a. Wasserstd. $= 0$
7. Druck hint. d. Topf 1 atm. abs.
8. Ausfluß des Kondensats . . . . . konstant.

[1]) t_u ist gleichzeitig die Raumtemperatur unter dem Kondensator A.

Name: N. N., N. N.
Datum: 5. VI. 09.

Zahlentafel 2.

Modell N. N. Anschluß $^3/_4$".

Wärmeinhalt des Dampfes beim Eintritt	i_1	in WE/kg	649,8
» » » » Austritt	i_2	» »	647,2
Flüssigkeitswärme des Kondensats	q_2'	» »	112,8
» von Q_A beim Eintritt	q_A'	» »	31,3
» » Q_A » Austritt	q_A''	» »	87,4
» » Q_B » Eintritt	q_B'	» »	61,3
» » Q_B » Austritt	q_B''	» »	96,0
Wärmeaufnahme des Kühlwassers	$Q_A\,(q_A'' - q_A')$	WE/std.	7120
» » »	$Q_B\,(q_B'' - q_B')$	» »	3058
Wärmetransmission des Kondensators A	W_A	» »	179
» » Kühlers B mit Benutzung	W_B'	» »	242
» » » B ohne »	W_B	» »	—
Summe der abgegebenen Wärmemengen $Q_A\,(q_A'' - q_A') + Q_B\,(q_B'' - q_B') + W_A + W_B'$		» »	10530
Spez. Dampfgehalt am Ende der Kühler n. Gl. 5)	x_2		0,244
Dampfverlust des zugeführten Kondensats n. Gl. 3)	z in %		32,3

Name: N. N.
Datum: 5. VI. 09.

$W_A = 0{,}25\ Fk\,(tw - tm)$
$W_{B'} = 0{,}5\ F_1 k_1\,(tw_1 - tu) + 0{,}5\ F_2 k_2\,(t_d - tu)$
$W_H = 0{,}5\ F_3 k_3\,(t_d - t_u)$.

Hierin sind:

$F = 4{,}64$ qm, $k = 8$
$F_1 = 0{,}2$ » , $k_1 = 8$
$F_2 = 0{,}23$ » , $k_2 = 10$
$F_3 = 0{,}43$ » , $k_3 = 10$.

Ferner bedeuten:

t_d die dem Drucke p_2 entsprechende Dampftemperatur
t_{w_1} die mittlere Kühlwassertemperatur im Kühler B.

II. Prüfung automatischer Temperaturregler.

Die Wichtigkeit automatischer Regelung der Raumtemperatur bei Warmwasser- und Dampfheizungen [1]) hat die Prüfungsanstalt veranlaßt, mit den weiter unten genannten Reglerkonstruktionen die für deren Beurteilung nötigen Dauerversuche anzustellen.

Die Temperaturregler können in zwei Gruppen eingeteilt werden, je nachdem sie den Zufluß des Wärmeträgers allmählich oder plötzlich beeinflussen; erstere sollen im nachstehenden als »Drosselregler«, letztere als »Unterbrechungsregler« bezeichnet werden. Die Drosselregler drosseln durch die Ausdehnung einer von der Raumtemperatur beeinflußten Flüssigkeitsmenge unmittelbar die Heizkörperventile; die Unterbrechungsregler schließen bzw. öffnen diese Ventile bei Eintritt bestimmter Raumtemperaturen durch eine besondere Hilfskraft (z. B. Elektrizität, Druckluft).

1. Beschreibung der Regler.

Von Drosselreglern wurden untersucht die Konstruktionen der Firmen: G. A. Schultze, Charlottenburg, R. Fueß, Steglitz; von Unterbrechungsreglern die Apparate der Gesellschaft für selbsttätige Temperaturregelung, Berlin, und die der Firma Fritz Kaeferle, Hannover.

a) Regler der Firma G. A. Schultze, System Clorius. (Fig. 1.)

Ein mit Öl gefüllter Wärmeaufnahmekörper *A* steht durch die dünne, teils Öl, teils Wasser enthaltende Kupferleitung *B* mit einem mit Wasser gefüllten Gummischlauch *C* in Verbindung, der durch dicht anschließende Messingringe an seiner Querausdehnung verhindert ist. Bei Erhöhung der Raumtemperatur bewirkt das in *A* sich ausdehnende Öl eine Längsdehnung des Schlauches, die auf das Kugelventil *D* (bzw. ein Tellerventil) übertragen wird und dieses steuert. Durch die in der Überwurfsmutter der Stopfbüchse drehbare Kordelschraube *E* kann das Ventil in seiner Höhenlage verändert und somit die gewünschte Abschlußtemperatur erreicht werden. Bei Verwendung in Wasserheizungen wird das Ventil als entlastetes Doppelsitzventil ausgeführt und bei den neueren Konstruktionen dieses Reglers die durch Schwerkraftwirkung erfolgende Ventilsenkung durch eine Schraubenfeder gesichert.

---

[1]) K. Ohmes: »Selbsttätige Temperaturregelung in den Vereinigten Staaten von Nordamerika«. Gesundheitsingenieur 1904.

H. Rietschel: »Die nächsten Aufgaben auf dem Gebiet der Heizungs- und Lüftungstechnik«. 5. Versammlung von Heizungs- und Lüftungsfachmännern zu Hamburg, Juli 1905.

b) Regler der Firma R. Fueß, System Brabbée. (Fig. 2.)

Ein mit Amylalkohol gefüllter Aufnahmekörper *A* überträgt durch eine dünne Kupferleitung *B* den bei Erhöhung der Raumtemperatur auftretenden Druck auf einen Dosensatz *C*, der für Niederdruckdampfheizungen ein (federbelastetes) Kegel- oder Tellerventil, für Warmwasserheizungen ein entlastetes Doppelsitzventil steuert. Die Einstellung der gewünschten Raumtemperatur wird unter Veränderung der Höhenlage der Dosen durch die Schraube *D* ermöglicht.

c) Regler der Firma F. Kaeferle, Hannover. (Fig. 3a u. 3b.)

In dem Elektrothermometer (Fig. 3a) ist eine Bilamellenfeder *A* angebracht, die bei sinkender Raumtemperatur durch Berührung des Kontaktes *B* einen Gleichstromkreis von 220 Volt Spannung schließt. Dadurch wird ein im Ventilgehäuse (Fig. 3b) befindlicher Elektromagnet *C* betätigt, das mit seinem Anker fest verbundene Doppelsitzventil *D* angehoben und somit der Zutritt des Heizmittels ermöglicht. Die Aufhängung der Bilamellenfeder sowie des je nach der gewünschten Raumtemperatur mit Hilfe der Schraube *E* verstellbaren Kontaktes *B* erfolgt elastisch, damit etwaige Erschütterungen die Tätigkeit des Apparates nicht ungünstig beeinflussen. Die neueren Ausführungen dieses Reglers zeigen insofern eine Umänderung des eben besprochenen Prinzipes, als

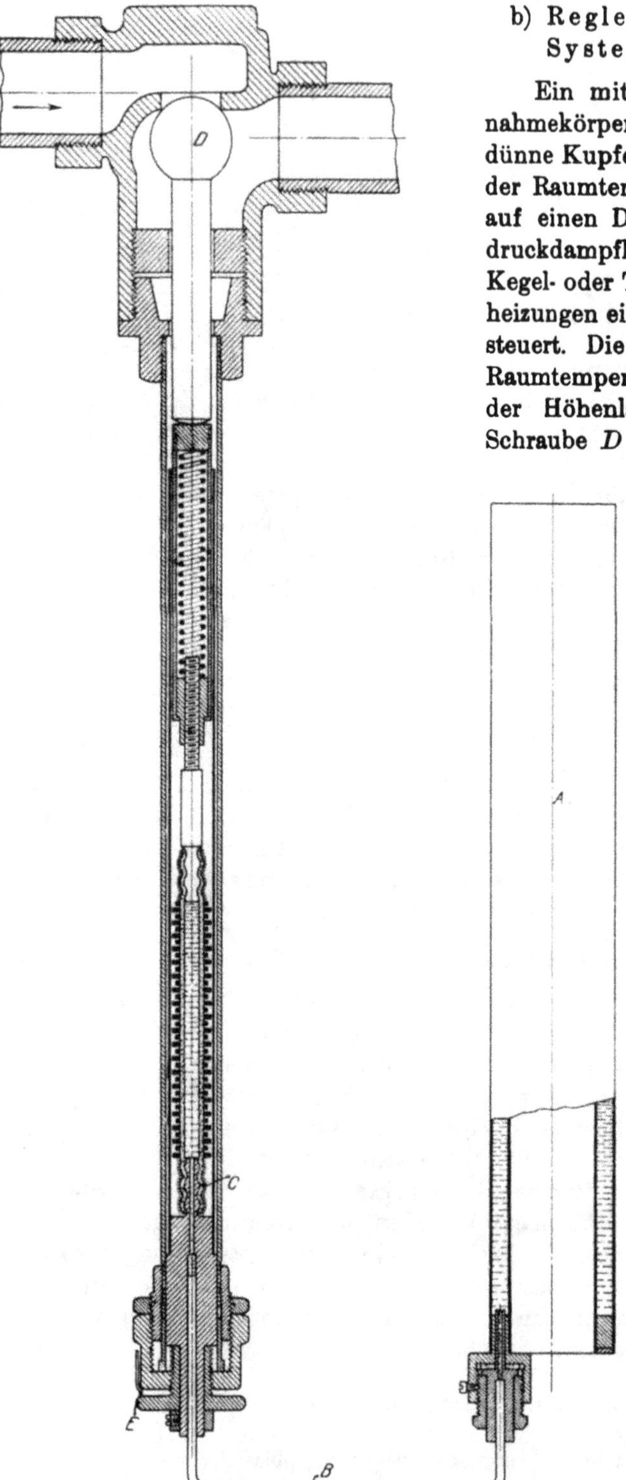

Fig. 1. Regler der Firma G. A. Schultze.

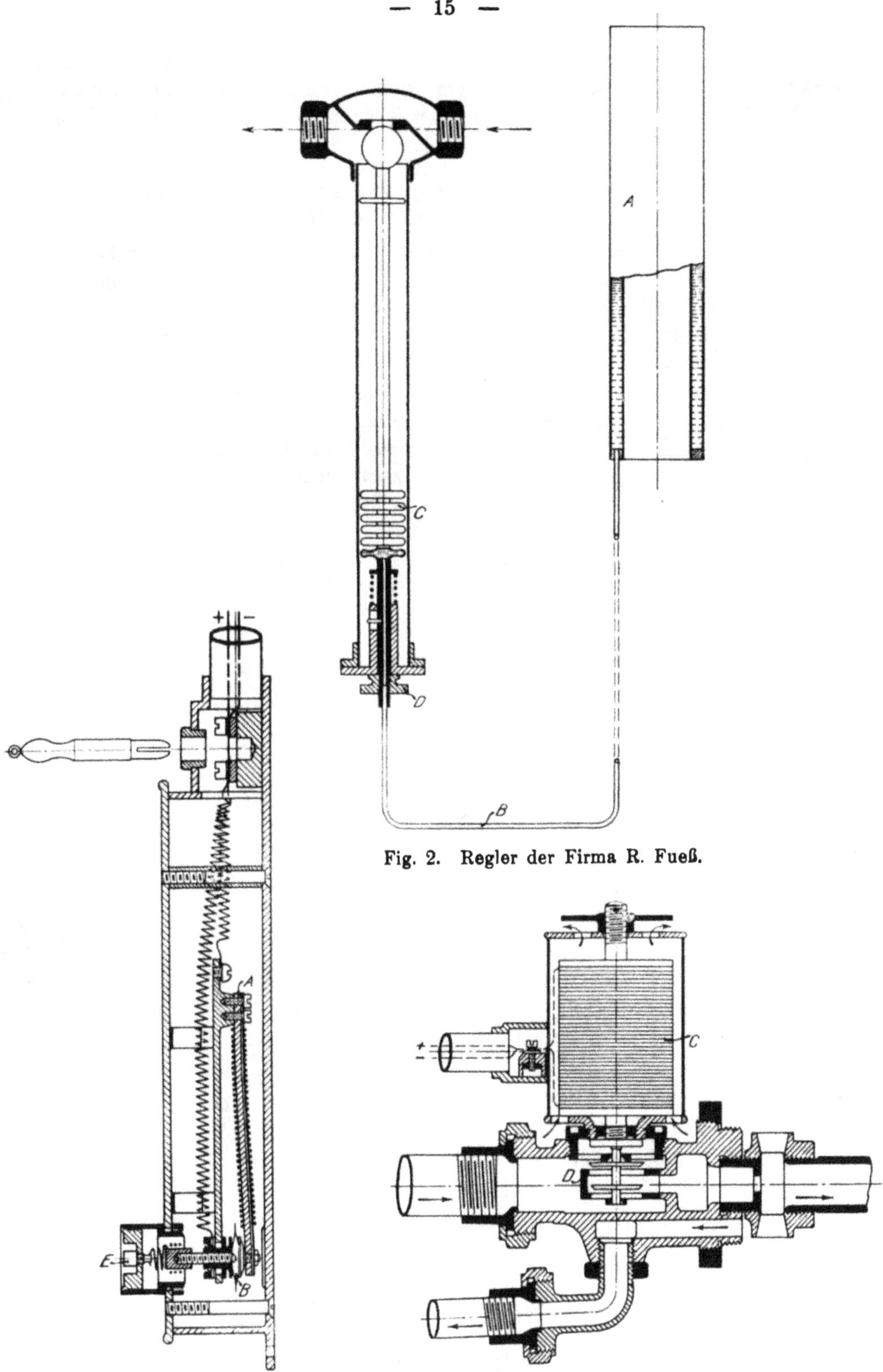

Fig. 2. Regler der Firma R. Fueß.

Fig. 3a. Fig. 3b.

Regler der Firma F. Kaeferle.

das Ventil bei Absperren des Heizkörpers durch den Magnet fest angezogen wird und somit das Abschließen sicherer als früher erfolgt. Im übrigen gleicht die Einrichtung für Dampfheizungen der bekannten Ausführung mit Düsen, Injektor, Luft- und Kondenswasserleitung.

d) Regler der Gesellschaft für selbsttätige Temperaturregelung, G. m. b. H., Berlin, System Johnson.

Die Konstruktion ist in Fig. 4 dargestellt und besteht aus dem Thermostaten *A*, der Druckluftleitung *B* und dem am Heizkörper befindlichen Membranventil *C*. Die Druckluft von 2 atm. abs. Spannung wird durch den in Fig. 5 dargestellten, von Wasserleitungswasser betriebenen Kompressor erzeugt. Die Wirkungsweise des Reglers ist folgende: Die vom Kompressor kommende Leitung *L* wird in der in Fig. 4 gezeichneten Stellung durch das Ventil *V* abgeschlossen, während aus der zum Membranventil führenden Leitung *B* durch die Spindelführung des Ventils *V* Druckluft in die Atmosphäre abströmt, worauf die Schraubenfeder *D* den Ventilteller *E*

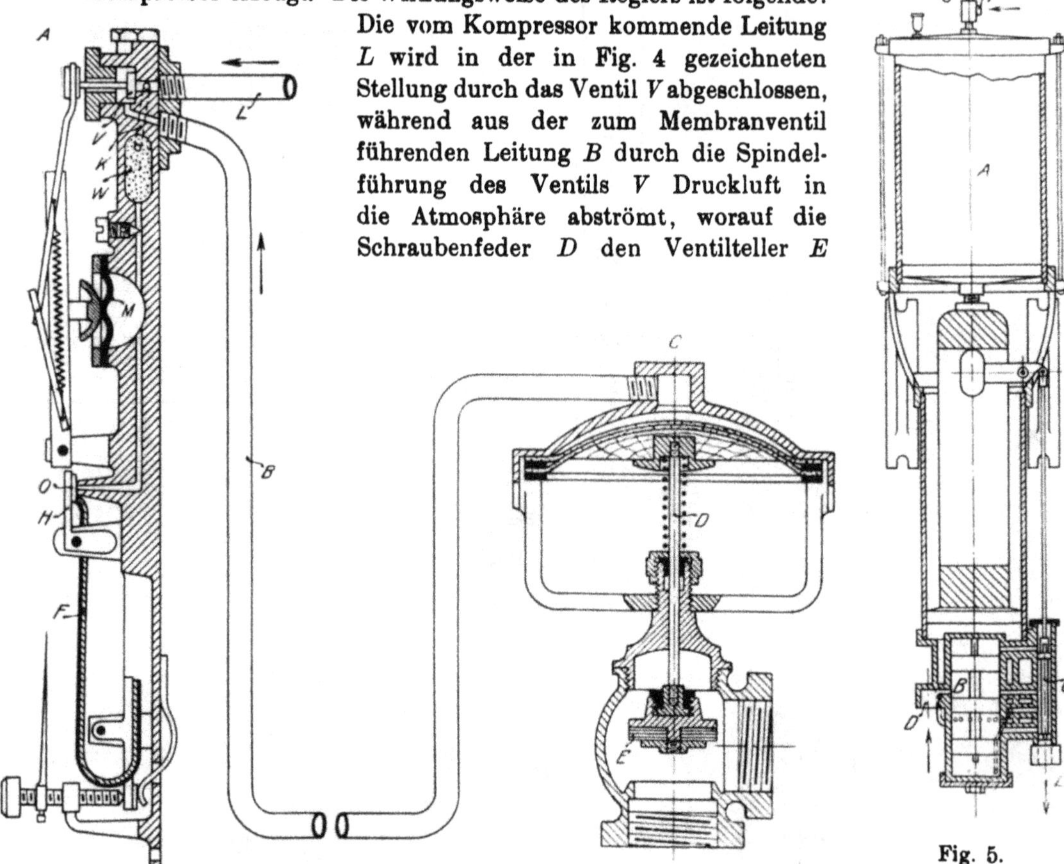

Fig. 4. Regler der Ges. f. selbsttätige Temperaturregelung.

Fig. 5. Luftkompressor.

anhebt. Befindet sich dagegen das Ventil *V* in seiner linken Endstellung, so tritt die Druckluft aus *L* direkt nach *B* und schließt unter Betätigung der Membran das Ventil *E*. Die Bewegung des Ventiles *V* selbst wird nun ebenfalls durch Druckluft hervorgerufen, und zwar durch Einwirkung auf die Membran *M*. Durch einen feinen Kanal *K* dringt aus der Leitung *L* Druckluft durch das Wattefilter *W* unter die Membran *M* und zu der feinen Öffnung *O*. Auf dieser lastet ein Hebel *H*, der durch die je nach der gewünschten Raumtemperatur verstellbare Bilamellenfeder *F* gesteuert wird. Sinkt die Temperatur im Raum, so dreht sich *F* nach rechts, *H* schließt die Öffnung *O*, aus der bis dahin Druckluft ausströmte, die Membran *M* wird aufgeblasen, durch Kniehebelwirkung das Ventil *V* nach links gedrückt und somit das Heizkörperventil geöffnet. Bei steigender Temperatur dreht sich *F* nach links, *H* gibt mit Eintritt der gewünschten Raumtemperatur *O* frei, die unter der Membran *M* befindliche Druckluft strömt, wie bereits oben erwähnt, ab, der Kniehebel geht infolge Federwirkung zurück, das Ventil V bewegt sich nach links und das Heizkörperventil wird geschlossen.

2. Einbau der Regler.

Wie in Heft 1 der »Mitteilungen« bereits beschrieben war, besitzt die Prüfungsanstalt Warmwasser- und Niederdruckdampfheizung, so daß es, wie Zahlentafel 1 zeigt, möglich war, die vier angeführten Reglertypen in beide Heizsysteme einzubauen. Da Dampf nur von 7 Uhr morgens bis 6 Uhr abends zur Verfügung stand, wurden die Dampfregler in unterbrochenem Betrieb, die Warmwasserregler jedoch unter Zuhilfenahme eines Reserve-Strebelkessels auch im Dauerbetrieb untersucht, wovon aber der Kaeferle-Warmwasserregler ausgeschlossen war, weil der zu seinem Betrieb erforderliche Gleichstrom nur bis 8 Uhr abends geliefert werden konnte. Mit Ausnahme der Versuchshalle, in welcher zwei Rohrschlangen als Zusatzheizfläche angeordnet waren, beeinflußten alle Regler die gesamte Raumheizfläche.

Die Vorlauftemperatur der Warmwasserheizung wurde durch Handregelung des Gegenstromapparates[1]) der Außentemperatur möglichst angepaßt und die Niederdruckdampfheizung selbstverständlich so eingeregelt, daß ein Durchschlagen der Heizkörper vermieden wurde und somit bei abgesperrtem Ventil ein Erwärmen aus der Kondensleitung nicht eintreten konnte.

Bemerkenswert mag sein, daß in der Versuchshalle, in der fünf bzw. vier Radiatoren von je einem Thermostaten beeinflußt wurden, bei Absperren der vorderen Heizkörper das Kondensat aus der mit nur schwachem Gefälle verlegten Kondensleitung hochgesaugt wurde, wodurch ein Entwässern der rückwärtigen Gruppe nicht mehr möglich war und somit Schlagen in der Heizung eintrat. In ähnlichen Fällen der Praxis würde daher, falls eine mit stärkerem Gefälle verlegte Kondensleitung größeren Durchmessers nicht genügende Sicherheit gegen das Auftreten der Geräusche schafft, eine besondere automatische Belüftung des abgesperrten Teiles der Leitung oder aber besser die Anordnung getrennter Kondensleitungen für jede Heizkörpergruppe zu empfehlen sein.

3. Beobachtungsmethode.

Die Wärmeaufnahmekörper sämtlicher Regler waren in Augenhöhe an der Wand derart befestigt, daß sie gegen Luftzug und Wärmestrahlung genügend geschützt waren. In gleicher Höhe befanden sich ebenso geschützte, zeitweise durch Thermometer kontrollierte Thermographen, die in 24stündiger Umlaufzeit die Raumtemperatur selbsttätig aufzeichneten. Mit Ausnahme des Isolierraumes und der Versuchshalle, in denen je zwei Instrumente aufgestellt waren, genügte je ein Thermograph für jeden Raum. Die Außentemperatur wurde ebenfalls durch einen Thermographen dauernd aufgezeichnet und die bezüglichen

[1]) Siehe Heft 1 der »Mitteilungen«.

Kurven mittels Durchschlagpapiers auf sämtliche Diagramme, von denen einige Muster in Tafel II und III dargestellt sind, übertragen.

Gleichzeitig wurde der Wasserverbrauch des Johnson-Reglers sowie der Wattverbrauch des Kaeferle-Reglers in entsprechenden Abschnitten ermittelt, ferner die Warmwasservorlauftemperatur und die Spannung der Niederdruckdampfheizung beobachtet und auch alle zufälligen Erscheinungen, z. B. Öffnen der Fenster, Aussetzen des elektrischen Stromes usw., notiert, wodurch das gesamte zur Beurteilung der Regler nötige Material in übersichtlicher Weise erhalten wurde.

4. Ergebnisse.

Diese sind in Zahlentafel 2 zusammengestellt und lassen unter Berücksichtigung der Diagrammstreifen folgendes erkennen:

Bei Niederdruckdampfheizungen halten die Regler die Raumtemperaturen innerhalb $\pm$ 0,5° konstant, jedoch verlegten einige von ihnen die mittlere Temperatur des Raumes ohne erkennbare Ursache in längeren Zeiträumen um 1 bis 2°. In der Praxis können naturgemäß letztere Schwankungen durch zeitweise Nachregelung ausgeglichen werden.

Bei Warmwasserheizungen ermöglichen die Drosselregler im unterbrochenen Betrieb die Einhaltung der gewünschten Raumtemperatur innerhalb $\pm$ 0,5°, während sie im Dauerbetrieb eine nahezu konstante Raumtemperatur erreichen lassen. Die Unterbrechungsregler hingegen zeigen Schwankungen der

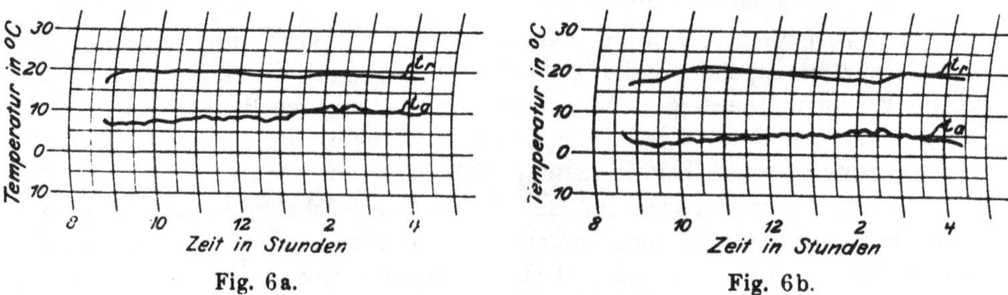

Fig. 6a.

Fig. 6b.

Raumtemperatur von $\pm$ 2°, zu denen bei unterbrochenem Heizbetrieb Überwärmungen des Raumes während der Anheizperiode um rd. 2° hinzutreten können. Dieses Verhalten ist durch die Eigenart letzterer Regler bedingt, die periodisch die Heizkörper mit heißem Wasser voll erfüllen und infolgedessen eine nicht zu vermeidende Nachwärmung des Raumes verursachen. Selbstverständlich können die erwähnten Mängel abgeschwächt werden, wenn — was aber in der Praxis in zufriedenstellender Weise nicht möglich ist — die Vorlauftemperatur der Außentemperatur genau angepaßt werden würde. So zeigt Fig. 6a, bei der die Vorlauftemperatur 55° betrug und der Außentemperatur angepaßt war, einen wesentlich besseren Verlauf der Raumtemperatur als das bei gleicher Außentemperatur erzielte Diagramm 6b, welches unter Einhaltung einer Vorlauftemperatur von 80° erreicht wurde.

Ganz allgemein kann ausgesprochen werden, daß unter sonst gleichen Verhältnissen alle Warmwasserregler um so besser arbeiten, je größer die Heizfläche F und der Transmissionskoeffizient K der Heizkörper und je kleiner ihr Wasserinhalt J ist, so daß die Güte der Regelung mit dem wachsenden Bruch $\varepsilon = \frac{F \cdot k}{J}$ (s. Zahlentafel 3) zunimmt.

Zahlentafel 1.

1.	2.	3.	4.		5.	6.	7.	
Raum Nr.[1])	Bezeichnung des Raumes	Inhalt in cbm	Heizkörper Zahl u. Form	Heizkörper Gesamte Heizfläche in qm	Art der Heizung	Regler der Firma	Anzahl der Regler	Bemerkungen
11	Vorraum	33,3	1 Radiator	5,0	Warmwasserheizung	G. A. Schultze	1	
7	Bureauraum	60,3	1 »	7,8	»	Ges. für selbsttätige Temperaturregelung	1	
8	»	104,5	2 Radiatoren	15,6	»	»	1	
10	Apparateraum	75,7	1 Radiator	7,8	»	F. Kaeferle[2])	1	
12	Isolierraum	405	2 Rohrschlang.	16,1	Niederdruckdampfhz.	G. A. Schultze	2	
1	Materialkeller	285	3 Radiatoren	21,6	»	»	3	
15	Dunkelkammer	15,5	1 Radiator	2,7	»	»	1	
5	Versuchshalle	1255	5 + 4 Radiatoren 1 Rohrschlange	79,2	»	Ges. für selbsttätige Temperaturregelung	3	2 Rohre als Zusatzheizkörper
19	kleine Versuchsräume	45,2	1 Radiator	5,4	»	»	1	
17		31,8	1 »	3,6	»	R. Fueß	1	
18		44,8	1 »	4,5	»	F. Kaeferle	1	

[1]) Siehe Heft 1 der Mitteilungen.

[2]) In der Heizperiode 1909/10 war in diesem Raume ein Regler der Firma R. Fueß eingebaut.

Zahlentafel 2.

a) Warmwasserheizung.

1.	2	3.	4.		5.	6.		7.		8.	
Raum Nr.	Regler-system	Beobachtungsdauer in Tagen	Außentemperatur innerhalb der Beobachtungsdauer		Eingestellte Raumtemperatur	Abweichung d. mittl. von der eingestellten Raumtemp in längeren Zeiträumen		Abweichungen der täglichen von der mittl. Raumtemp.		Währ. d. tägl. Anheizperiode zeigte d. Raum eine Überwärmung über die mittl. Raumtemp. von ° C	Bemerkungen
			von	bis		Tagesbetrieb	Dauerbetrieb	Tagesbetrieb	Dauerbetrieb		
11	Schultze	206	— 11	+ 15	15	± 1,0	± 0,0	± 0,5	± 0,0	—	1. Wasserverbr. d. Johnson-Regler durchschnittlich 17 l pro Betriebsstunde und Regler. 2. Verbrauch der Kaeferle-Regler rd. 2,5 Watt pro Betriebsstunde und Regler.
10	Fueß	85	— 3	+ 18	19	± 0,5	± 0,0	± 0,5	± 0,0	0,5	
10	Kaeferle	190	— 11	+ 18	18	± 1,0	—	± 1,0	—	1,5	
7	Ges. f. selbsttätige Temperaturregelung	200	— 11	+ 19	19	± 1,5	± 0,5	± 2,0	± 1,0	2,5	
8		200	— 11	+ 19	17 u. 19	± 1,0	± 0,5	± 1,0	± 1,0	3,5	
					b) Niederdruckdampfheizung.						
12	Schultze	197	— 11	+ 16	18 u. 17	± 1,0	—	± 0,5	—	—	
1	»	206	— 11	+ 16	18	± 2,0	—	± 0,5	—	—	
15	»	206	— 11	+ 16	17 u. 19	± 1,0	—	± 0,5	—	1,0	
17	Fueß	30	— 9	+ 19	19	± 1,5	—	± 0,5	—	—	
18	Kaeferle	123	— 5	+ 15	15	± 0,5	—	± 0,5	—	1,0	
5	Ges. f. selbsttätige Temperaturregelung	141	— 9	+ 19	19	± 1,5	—	± 0,5	—	—	
19		200	— 9	+ 19	18	± 1,0	—	± 0,5	—	—	

5. Schlußfolgerungen.

1. Die automatische Regelung der Raumtemperatur kann bei Niederdruckdampfheizungen sowohl durch Drosselregler als auch durch Unterbrechungsregler erzielt werden; erstere sind in der Konstruktion wesentlich einfacher und unabhängig von besonderen Hilfskräften (Elektrizität, Druckluft).

2. Zur automatischen Regelung der Raumtemperatur bei Warmwasserheizungen kommen nur Drosselregler in Betracht, die ihren Zweck um so vollkommener erfüllen, je besser die Vorlauftemperatur der Außentemperatur angepaßt wird und je mehr sich der Heizbetrieb dem Dauerbetrieb nähert. Als Heizkörper eignen sich am besten die, die bei großer Wärmeabgabe einen geringen Wasserinhalt besitzen, wonach beispielsweise Rohrschlangen den Radiatoren vorzuziehen sind. Über die Haltbarkeit der Konstruktionen ist ein ab schließendes Urteil nicht abzugeben, da hierzu die Beobachtungszeit zu kurz war.

Zahlentafel 3.

Heizkörper	Dimension	ε[1]	Bemerkungen
Verbandsrohr	1″	2,2	
»	1½″	1,1	
»	2″	0,9	
»	2½″	0,7	
Rippenrohr	70 ϕ	1,8	
»	100 ϕ	1,1	
Radiatoren	1 – 4 säulig	0,5 – 0,8	je nach Säulenzahl und Ausführung

[1]) Sämtliche Transmissionskoeffizienten sind dem Leitfaden zum Berechnen und Entwerfen von Lüftungs- und Heizungsanlagen von H. Rietschel, 4. Auflage, entnommen.

III. Versuche über Saug- und Preßköpfe.

1. Einleitung.

Bei der Untersuchung von Saug- und Preßköpfen ist die von ihnen geförderte Luftmenge sowie die Regendichtigkeit der Konstruktion festzustellen. Bereits in der alten Anstalt sind in dieser Beziehung mit verschiedenen Saugern eingehende Versuche[1]) angestellt worden, jedoch wurde bei den neu aufgenommenen das Programm insofern erweitert, als auch der jeweilig auftretende Unterdruck bzw. Überdruck zur Beobachtung gelangte.

Hieraus ergaben sich unmittelbar die Forderungen, die an die Versuchseinrichtung zu stellen waren:

1. Die Versuche mußten für verschiedene Geschwindigkeiten und Anfallwinkel des Windes durchgeführt werden;

2. der durch die Wirkung der Sauger bzw. Preßköpfe erzeugte Unter- bzw. Überdruck mußte unter Einschaltung verschiedener Widerstände festgestellt werden können;

3. die Versuchsobjekte waren möglichst groß zu wählen;

4. der Querschnitt des verwendeten Windstromes mußte ein Vielfaches des zu untersuchenden Modellquerschnittes betragen;

5. der Windstrom selbst mußte, um zuverlässige Messungen zu ermöglichen, gleichmäßige Geschwindigkeit aufweisen, obwohl diese Forderung mit praktischen Verhältnissen nicht immer übereinstimmt.

2. Versuchsanordnung.

Zur Winderzeugung diente ein Zentrifugal-Ventilator[2]), der aus dem 800 mm weiten Rohr (Fig. 1) einen Luftstrom von maximal 18 m sekundliche Geschwindigkeit gegen das Modell fördern konnte. Zur Erzielung einer gleichmäßigen Luftbewegung waren in der Rohrleitung Gleichrichtungsröhren und Messingnetze eingebaut, durch welche Maßregeln die in Fig. 2 dargestellte brauchbare Ge-

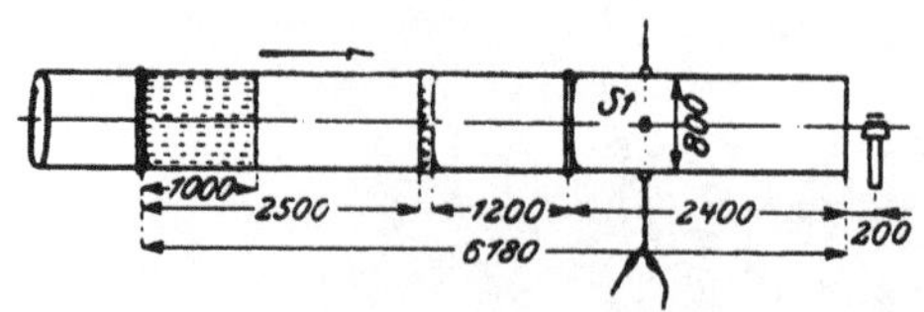

Fig. 1. Versuchsrohrleitung.

[1]) Rietschel: »Versuche über die Wirkung von Saugern«, Gesundheits-Ingenieur 1906, Nr. 29.

[2]) Siehe Heft 1 der »Mitteilungen«, Seite 17.

schwindigkeitsverteilung (für vier Stellungen) erzielt wurde. Mit diesem Luftstrom von 0,5 qm Querschnitt konnten nach den früher gewonnenen Erfahrungen Modelle mit 100 mm l. W. des Anschlußrohres (Fig. 3) untersucht werden.

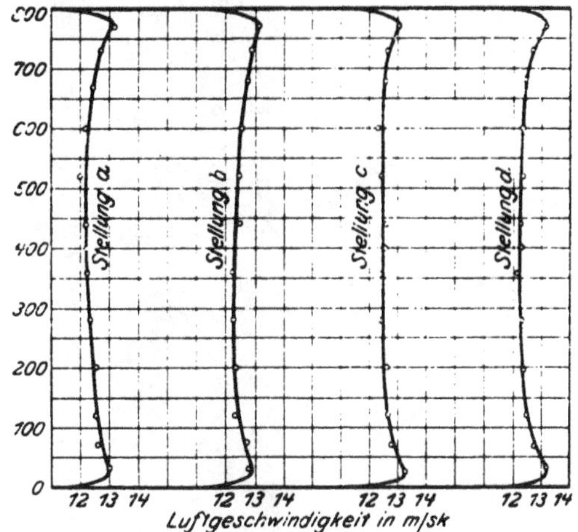

Fig. 2. Geschwindigkeitsverteilung im Rohr *R*.

Die zu prüfenden Konstruktionen wurden, unter Berücksichtigung der Erkenntnisse früherer Arbeiten, mit der Mittelachse 200 mm vor der Rohrmündung aufgestellt, um einerseits die freie Bewegung des Windes am Modell nicht zu hindern und anderseits die Geschwindigkeitsmessung des ankommenden Luftstromes nicht zu beeinträchtigen.

Das Anschlußrohr wurde mittels Klemmschrauben an den Messingstutzen *B* (Fig. 4) und letzterer an den gußeisenen Rohrzug *CDE* befestigt, an dessen Ende die unten beschriebenen Meßstutzen *F* bzw. *H* angebracht werden konnten. Das Rohr *C* hatte eine sehr sanfte Krümmung und war, um den Widerstand möglichst klein zu gestalten, bis auf 300 mm l. Dmr. erweitert. Dieser Widerstand konnte jedoch unter Betätigung der in Rohr *D* eingebauten Irisblende, welche eine konzentrische Abdrosselung des Luftstromes ermöglichte, beliebig vergrößert werden.

Zur Einstellung verschiedener am Zeiger *Z* ablesbarer Anfallwinkel des Windes dienten zwei an der Decke der Versuchshalle aufgehängte Flaschenzüge *U*, mittels welcher der Rohrzug *ABCDE* um die Achse *NN* gedreht werden konnte.

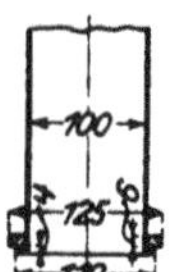

Fig. 3. Anschlußrohr.

Zur Prüfung der Saugköpfe auf Regendichtigkeit wurde die Regenwirkung durch eine (je nach der Windstärke) horizontal verschiebbare Brause *W* nachgeahmt.

3. Meßinstrumente.

Die Windgeschwindigkeit des ankommenden Luftstromes wurde in der Achse der Rohrleitung *R* mittels der mit einem Mikromanometer verbundenen Stauscheibe *St* (Fig. 4) gemessen[1]).

---

[1]) Zur Zeit der Versuche galt für die Bestimmung von Luftgeschwindigkeiten die Stauscheibe mit dem Koeffizienten 1,37 als einwandfrei. Die zeitlich später durchgeführte Arbeit der Anstalt »Bestimmung der Geschwindigkeiten und des Druckes bewegter Luft in Rohrleitungen« (s. Heft 1 der »Mitteilungen«) hat diesen Wert nicht bestätigt, jedoch kommen die Abweichungen für die vorliegende Arbeit, die ausschließlich Vergleichsversuche bezweckte, nicht in Betracht.

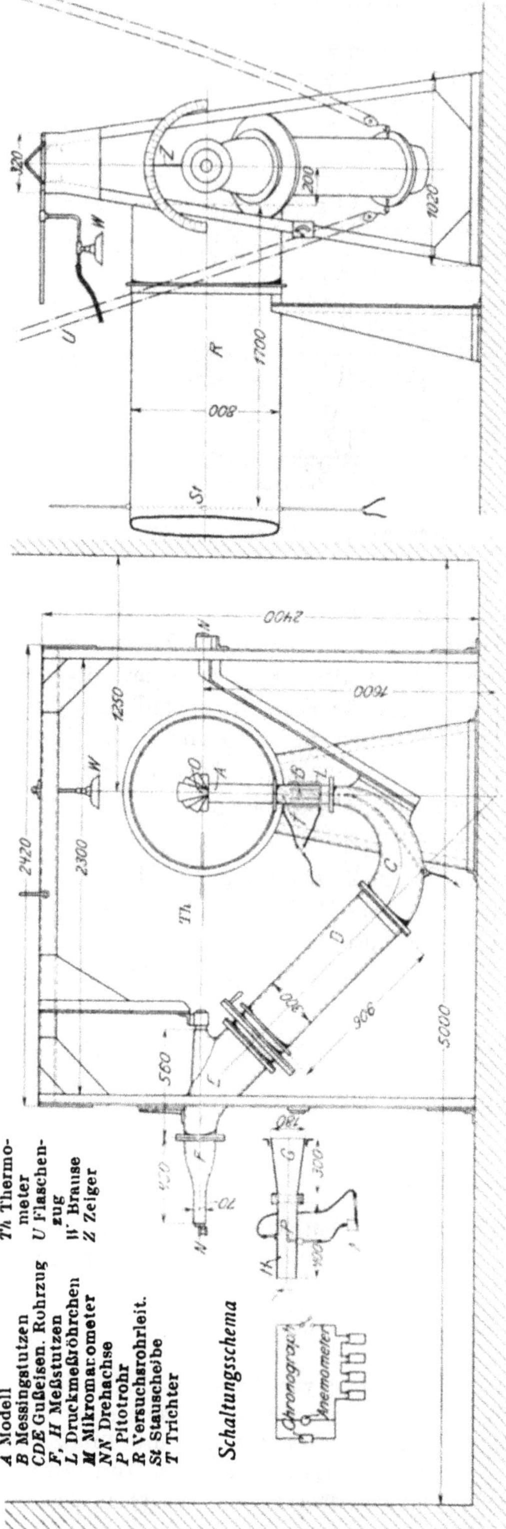

Fig. 4. Versuchsanordnung zur Prüfung von Saug- und Preßköpfen.

Für die Bestimmung der von den **Saugköpfen** geförderten Luftmengen diente der Konus *F*, an dem ein zwangläufig geeichtes und ebenso benutztes Anemometer befestigt war, das gleichzeitig mit einem Chronographen auf elektrischem Wege ein- und ausgeschaltet werden konnte (s. Schaltungsschema zu Fig. 4.)

Bei der Prüfung von **Preßköpfen** wurden an Stelle des Konus *F* die Rohre *G H* verwendet und zwischen beide ein feines Drahtnetz eingeschaltet. Die Bestimmung der Luftgeschwindigkeit selbst erfolgte durch ein mit dem Mikromanometer *M* verbundenes Pitotrohr *P*, wobei der statische Druck, wie aus Fig. 4 ersichtlich ist, durch eine feine Rohranbohrung ausgeschaltet wurde[1]). Die Geschwindigkeitsverteilung über das Meßrohr *H* ergibt sich aus Fig. 5, aus der die Beziehung zwischen der mittleren Geschwindigkeit V_m zur axialen V_a zu $V_m = V_a$ ersehen werden kann.

Zur Feststellung des Unterdruckes bzw. Überdruckes der durch die Saugköpfe bzw. Preßköpfe erzielt wurde, dienten sechs über den Umfang des Rohres *B* gleichmäßig verteilte feine, innen ausgeglättete Anbohrungen, die durch aufgelötete Röhrchen *L* parallel geschaltet und deren Angaben durch eine Sersche Scheibe kontrolliert werden konnten[1]).

[1]) Siehe Heft 1 der »Mitteilungen«, »Bestimmung der Geschwindigkeit und des Druckes bewegter Luft in Rohrleitungen« sowie die Fußnote auf Seite 23, die sinngemäß auch hier Geltung hat.

Für die Messung der bei den Regenversuchen durch die Saugköpfe eintretenden Wassermengen wurde zwischen die Rohre *A* und *B* ein dichtschließender Trichter *T* eingeschaltet, dessen Ablauf mittels Gummischlauch durch das Rohr *C* in ein außen aufgestelltes Meßgefäß gesammelt wurde.

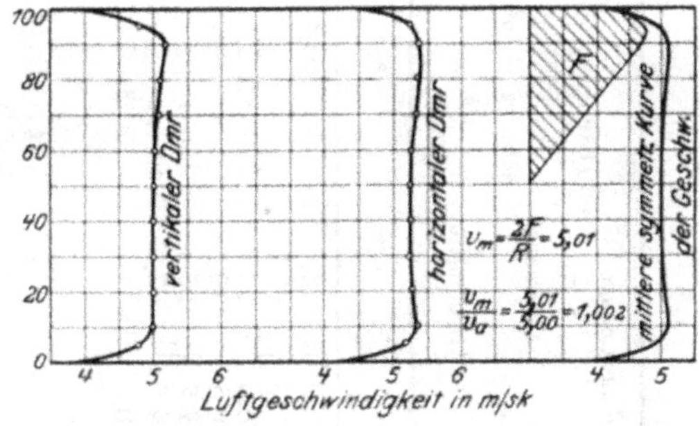

Fig. 5. Geschwindigkeitsverteilung im Meßrohr.

4. Durchführung und Auswertung der Versuche.

Nach Befestigen der Saugköpfe auf den Stutzen *B* wurde mittels Seilzug einer der aus dem Aufriß der Fig. 6 ersichtlichen fünf Anfallwinkel eingestellt, und der zu untersuchende Kopf für jeden Winkel hintereinander fünf bis sechs verschiedenen Windstärken in den Grenzen von 3,5 bis 18 m/sek. ausgesetzt. Für die in der Grundrißform unsymmetrischen Modelle war es erforderlich, die oben erwähnten Versuchsreihen auch noch für je drei Stellungen und zwar »längs«, »übereck« und »quer« (Fig. 6) durchzuführen.

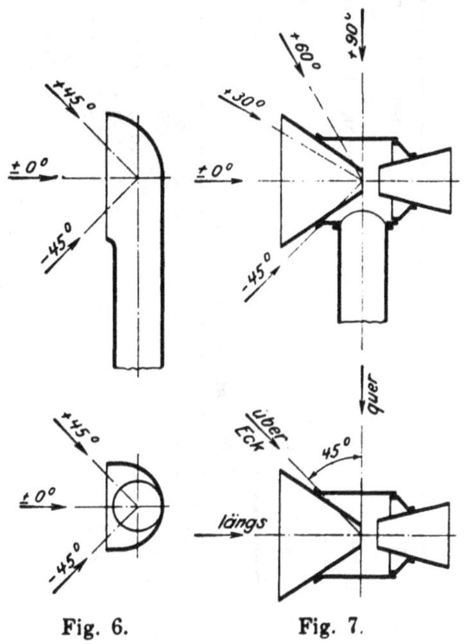

Fig. 6. Fig. 7.

Bei Preßköpfen konnte mit Rücksicht auf die einfachere Form der Modelle die Untersuchung auf die in Fig. 7 im Grund- und Aufriß dargestellten Anfallwinkel beschränkt werden.

Jede einzelne Versuchsreihe hätte sowohl für Saug- als auch für Preßköpfe eigentlich für mehrere, verschieden große Widerstände durchgeführt werden müssen, wodurch die ohnehin sehr zeitraubenden Versuche noch weiter in die Länge gezogen worden wären. Man entschloß sich daher unter Einstellung der Irisblende auf »offen« und »zu« nur zwei Grenzwerte des Widerstandes zu benutzen, die in der Folge als kleine bzw. große Widerstände bezeichnet werden sollen.

Für jeden einzelnen Versuch, also für jedes Modell, jede Grundrißstellung, jeden Anfallwinkel, jede Geschwindigkeit und jeden Widerstand wurde bestimmt (siehe Zahlentafel 1):

v die Geschwindigkeit im Rohr *R* in m/sek.

Q die vom Saug- bzw. Preßkopf geförderte Luftmenge in cbm/std.

t die Temperatur und b den Barometerstand der Luft in Graden Celsius bzw. mm Quecksilber.

h der vom Modell erzeugte Unter- bzw. Überdruck in mm W. S.

$L = Q \cdot h$ die Luftleistung des Kopfes.

Zahlentafel 1.

Nr. des Versuchs	Messung d. Windgeschw.: Ausschlag n_1	Differenz $n = n_1 - n_0$[1])	Geschw. m/sek. $v = 1{,}52\sqrt{n}$	Messung d. vom Sauger erzeugten Unterdruckes: Stellung d. Irisblende	Ables. a. Diff.-Manometer n_1	n_2	$n_2 - n_1$	Red.-Fakt. f	Unterdr. h in mm W.S.	$\frac{h}{v}$	Messung d. vom Sauger geförderten Luftmenge: Ables. d. Anemometers Anfang n_1	Ende n_2	Differenz $n = n_2 - n_1$	Versuchsdauer s in sek.	n/s	Luftmenge Q in cbm/std.	Leistung d. Saugers $L = Qh$	$\frac{L}{v^3}$
									Windanfallwinkel $\alpha = 0°$									
1	35,2	5,2	3,46	offen	116,5	96,0	10,5	0,030	0,315	0,091	969	809	160	80	2,0	16,6	5,22	0,436
2	63,8	33,8	8,81	»	136,0	66,0	70,0	»	2,10	0,239	809	396	413	70	5,9	45,5	95,5	1,23
3	94,0	64,0	12,16	»	121,0	79,0	42,0	0,097	4,07	0,335	1396	898	498	60	8,3	63,2	257,0	1,74
4	127,5	97,5	15,00	»	132,0	66,0	66,0	»	6,40	0,426	898	373	525	50	10,5	79,5	509,0	2,26
5	159,0	129,0	17,27	»	141,0	57,0	84,0	»	8,15	0,472	1373	886	487	40	12,2	92,1	750,0	2,51
6	166,5	136,5	17,75	»	146,0	52,5	93,5	»	9,07	0,511	886	500	386	30	12,9	97,3	883,0	2,80
7	35,0	5,0	3,41	zu	108,0	94,0	14,0	0,030	0,42	0,123	500	470	30	80	0,38	4,6	1,93	0,166
8	59,5	29,5	8,26	»	145,0	57,0	88,0	»	2,64	0,320	470	356	114	70	1,63	14,0	37,0	0,542
9	84,0	54,0	11,15	»	184,0	18,0	166,0	»	4,98	0,447	356	225	131	60	2,18	18,0	89,8	0,722
10	111,5	81,5	13,71	»	137,5	60,5	77,0	0,097	7,47	0,544	209	1055	154	50	3,08	24,6	184,0	0,98
11	148,0	118,0	16,51	»	155,0	41,0	114,0	»	11,06	0,670	1055	898	157	40	3,93	30,9	342,0	1,25
12	176,0	146,0	18,34	»	169,0	25,0	144,0	»	13,96	0,761	898	757	141	30	4,70	36,6	511,0	1,52
									Windanfallwinkel $\alpha = +30°$									
13	35,5	5,5	3,55	offen	110,0	95,0	15,0	0,030	0,45	0,126	1116	941	175	70	2,50	20,5	9,22	0,731
14	57,2	27,2	7,91	»	140,0	65,0	75,0	»	2,25	0,285	941	640	301	50	6,02	46,3	104,0	1,66
15	80,2	50,2	10,75	»	163,5	41,5	122,0	»	3,66	0,340	640	325	315	40	7,88	60,3	221,0	1,91
16	111,0	81,0	13,67	»	130,0	70,5	59,5	0,097	5,77	0,421	325	019	306	30	10,20	77,2	445,0	2,38
17	143,0	113,0	16,17	»	142,0	58,0	84,0	»	8,15	0,503	1019	655	364	30	12,13	91,6	746,0	2,85
18	172,0	142,0	18,09	»	151,5	47,0	104,5	»	10,14	0,560	655	248	407	30	13,57	105,5	1070,0	3,27
19	37,5	7,5	4,16	zu	116,5	88,5	28,0	0,030	0,84	0,203	248	192	56	80	0,70	7,0	5,88	0,34
20	57,2	27,2	7,91	»	151,5	53,5	98,0	»	2,94	0,372	192	070	122	70	1,74	14,8	43,5	0,695
21	80,5	50,5	10,80	»	192,0	13,0	179,0	»	5,37	0,497	1070	918	152	60	2,53	20,5	110,0	0,943
22	110,5	80,5	13,62	»	143,0	57,0	86,0	0,097	8,34	0,613	918	745	173	50	3,46	27,4	228,0	1,23
23	149,0	119,0	16,58	»	163,0	34,5	128,5	»	12,46	0,751	745	569	176	40	4,40	34,3	427,0	1,55
24	175,5	145,5	18,30	»	175,0	20,0	155,0	»	15,04	0,823	569	422	147	30	4,90	38,0	572,0	1,71

Windanfallwinkel $\alpha = +60°$																		
25	35,5	5,5	3,55	offen	107,5	95,5	12,0	0,030	0,36	0,101	554	402	152	70	2,17	17,9	6,44	0,511
26	57,2	27,2	7,91	»	125,0	78,5	46,5	»	1,40	0,177	402	121	281	60	4,35	34,0	47,6	0,762
27	80,2	50,2	10,75	»	149,5	54,0	95,5	»	2,87	0,267	1121	779	342	50	6,84	52,4	149,5	1,30
28	111,0	81,0	13,67	»	178,0	25,0	153,0	»	4,59	0,336	779	515	264	30	8,80	67,0	307,0	1,64
29	143,0	113,0	16,17	»	133,5	66,5	67,0	0,097	6,50	0,401	515	196	319	30	10,63	80,4	522,0	2,00
30	172,0	142,0	18,09	»	141,0	58,5	82,5	»	8,00	0,441	992	751	241	20	12,05	90,9	727,0	2,22
31	37,5	7,5	4,16	zu	109,0	94,5	14,5	0,030	0,44	0,106	751	718	33	80	0,41	4,8	2,11	0,122
32	57,2	27,2	7,91	»	133,0	71,0	62,0	»	1,86	0,235	718	627	91	70	1,30	11,4	22,2	0,399
33	80,5	50,5	10,80	»	162,5	41,0	121,5	»	3,65	0,338	627	512	115	60	1,92	16,0	58,4	0,500
34	110,5	80,5	13,62	»	131,0	70,0	61,0	0,097	5,92	0,435	512	374	138	50	2,76	22,2	131,0	0,705
35	149,0	119,0	16,58	»	142,0	57,5	84,5	»	8,20	0,495	374	236	138	40	3,45	27,4	225,0	0,820
36	175,5	145,5	18,30	»	152,5	45,0	97,5	»	9,46	0,517	236	116	120	30	4,00	31,4	297,0	0,887
Windanfallwinkel $\alpha = +90°$																		
37	34,5	4,5	3,23	offen	105,0	98,5	6,5	0,030	0,20	0,062	757	636	121	80	1,51	13,0	2,6	0,249
38	58,0	28,0	8,04	»	119,5	84,0	35,5	»	1,07	0,133	636	357	279	70	3,99	31,3	33,5	0,519
39	81,5	51,5	10,90	»	134,0	69,0	65,0	»	1,95	0,179	357	026	331	60	5,51	42,5	82,9	0,697
40	113,5	80,5	13,62	»	154,0	49,0	105,0	»	3,15	0,232	1026	681	345	50	6,90	52,8	166,0	0,895
41	149,0	119,0	16,58	»	176,5	26,5	150,0	»	4,50	0,271	681	339	342	40	8,55	65,0	293,0	1,065
42	175,0	145,0	18,30	»	128,0	72,5	55,5	0,097	5,38	0,294	339	057	282	30	9,40	71,4	384,0	1,145
43	39,0	9,0	4,56	zu	109,5	93,5	16,0	0,030	0,48	0,105	057	021	36	80	0,45	5,1	2,45	0,118
44	53,8	23,8	7,40	»	122,0	81,0	41,0	»	1,23	0,166	1021	953	68	70	0,97	9,0	11,1	0,203
45	77,5	47,5	10,46	»	141,0	62,5	78,5	»	2,26	0,216	953	864	89	60	1,48	12,8	28,9	0,264
46	113,0	83,0	13,82	»	168,5	34,5	134,0	»	4,02	0,292	864	735	129	60	2,15	17,7	71,2	0,373
47	143,5	113,5	16,20	»	128,0	72,5	55,5	0,097	5,38	0,332	735	638	97	40	2,43	19,8	106,5	0,406
48	170,0	140,0	17,96	»	134,0	66,0	68,0	»	6,60	0,367	638	554	84	30	2,80	22,5	148,5	0,461
Windanfallwinkel $\alpha = -45°$																		
49	37,8	7,8	4,23	offen	112,0	94,0	18,0	0,030	0,54	0,125	530	338	192	70	2,74	22,1	11,9	0,665
50	57,0	27,0	7,91	»	135,0	71,0	64,0	»	1,92	0,243	338	003	335	60	5,58	43,1	82,6	1,32
51	82,5	52,5	11.01	»	163,5	42,0	121,5	»	3,65	0,332	1003	685	318	40	7,95	60,6	221,0	1,82
52	114,5	84.5	13,97	»	131,5	70,5	61,0	0,097	5,91	0,421	685	375	310	30	10,33	77,3	457,0	2,34
53	149,5	119,5	16,63	»	144,5	56.0	88,5	»	8,58	0,517	375	005	370	30	12,83	93,0	798,0	2,88
54	177,0	147,0	18,40	»	154,0	45,0	109,0	»	10,59	0,575	1005	586	419	30	13,63	102,6	1085,0	3,21
55	37,3	7,3	4,09	zu	112,5	93,5	19,0	0,030	0,57	0,139	586	547	39	80	0,49	5,4	3,08	0,184
56	54,8	24,8	7,57	»	138,0	67,5	70,5	»	2,115	0,279	547	453	94	70	1,34	11,7	24,7	0,431
57	82,0	52,0	10,94	»	176,0	29,5	146,5	»	4,39	0,402	453	322	131	60	2,18	17,9	78,5	0,655
58	110,5	80,5	13,62	»	135,5	65,5	70,0	0,097	6,78	0,498	322	206	116	40	2,90	23,3	158,0	0,852
59	149,0	119,0	16,56	»	151,5	48,0	103,5	»	10,03	0,604	206	100	106	30	3,53	27,9	280,0	1,02
60	176,0	146,0	18,32	»	162,5	35,5	127,0	»	12,30	0,672	1100	971	129	30	4,30	33,6	413,0	1,23

[1]) $n_0 = 30$; **Reduktionsfaktor** $f = 0{,}195$; **mittlere Lufttemperatur** $tm = 21°$; **Barometerstand** $b = 771$ mm *Q. S.*

Wie zu erwarten war, ergab sich
Q als lineare Funktion der Luftgeschwindigkeit v, somit $Q = k_1 \cdot v$,
h » quadratische » » » v, » $h = k_2 \cdot v^2$,
L » kubische » » » v, » $L = k_3 \cdot v^3$,
worin k_1, k_2 und k_3 Konstante bedeuten.

Trägt man in einem Koordinatensystem Q, $\frac{h}{v}$ und $\frac{L}{v^2}$ als Ordinaten und die zugehörigen Windgeschwindigkeiten v als Abszissen auf, so müssen sich gerade Linien ergeben, wie dies die Fig. 8 für Saugköpfe und Fig. 9 für Preßköpfe deutlich zeigen. Aus den Figuren ist ferner zu ersehen, daß die Leistungen der Modelle wesentlich abhängen von dem zu überwindenden Widerstand, mit dessen Ansteigen sie bedeutend abfällt.

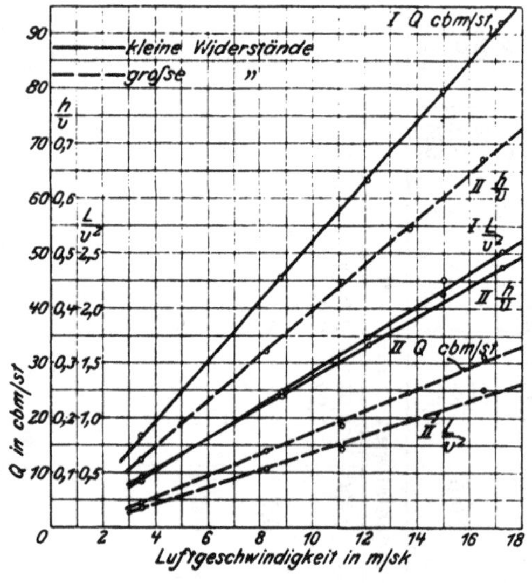

Fig. 8. Q, $\frac{h}{v}$, $\frac{L}{v^2}$ Kurven für Saugkopf Modell Schulze. (Stellung: quer, $\alpha = 0°$)

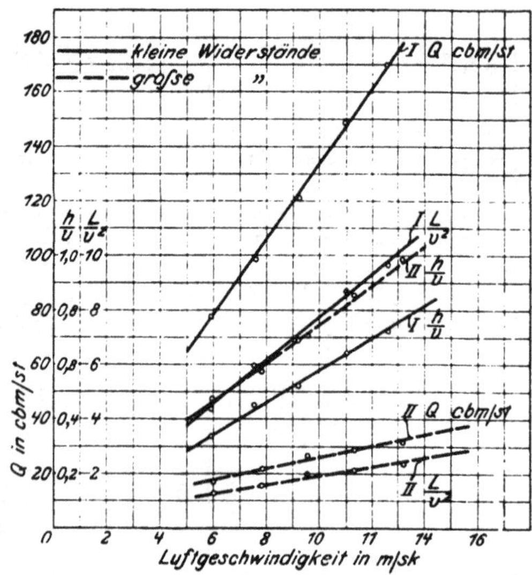

Fig. 9. Q, $\frac{h}{v}$, $\frac{L}{v^2}$ Kurven für Preßkopf Modell Prüfungsanstalt I. (Stellung: $\alpha = 0°$)

Diese Darstellungen gaben die Möglichkeit, für jede Windgeschwindigkeit und jede Stellung die tatsächlich geförderte Luftmenge und den erzeugten Unterdruck abzulesen und in Tabellen zusammenzustellen. Hiervon wurde aber aus nachstehenden Gründen Abstand genommen:

1. Die untersuchten Objekte sind »Modelle« und die mit ihnen gewonnenen Ergebnisse können nicht ohne weiteres auf geometrisch ähnliche größere Ausführungen übertragen werden,

2. geringere Änderungen des Widerstandes beeinflussen bedeutend die geförderte Luftmenge,

3. kleine Abweichungen in der Ausführung der Modelle sind von erheblichem Einfluß auf ihre Leistung.

Diese Überlegungen führten dazu, die gewonnenen Ergebnisse lediglich als Vergleichsresultate zu verwerten, die für die Praxis als genügend anzusehen sind. Demzufolge wurde aus den einzelnen Kurvenblättern nach Maßgabe der Fig. 10 für jeden Anfallwinkel und für eine bestimmte Geschwindigkeit (z. B.

12 m/sek.) die Luftmengen und der Druck im Polarkoordinatensystem als Funktion der Anfallwinkel aufgetragen. Durch die Verbindung der so verzeichneten Punkte ergaben sich Umhüllungskurven, welche in übersichtlicher Weise die Wertigkeit der Modelle vergleichend charakterisieren.

Für Saugköpfe ergab sich, wie Fig. 10 zeigt, der bemerkenswerte Umstand, daß sich die Wertigkeit einzelner Modelle untereinander »die relative Wertigkeit« mit der Größe des angehängten Widerstandes wesentlich änderte, so daß die Diagramme für kleine und große Widerstände besonders entwickelt werden mußten.

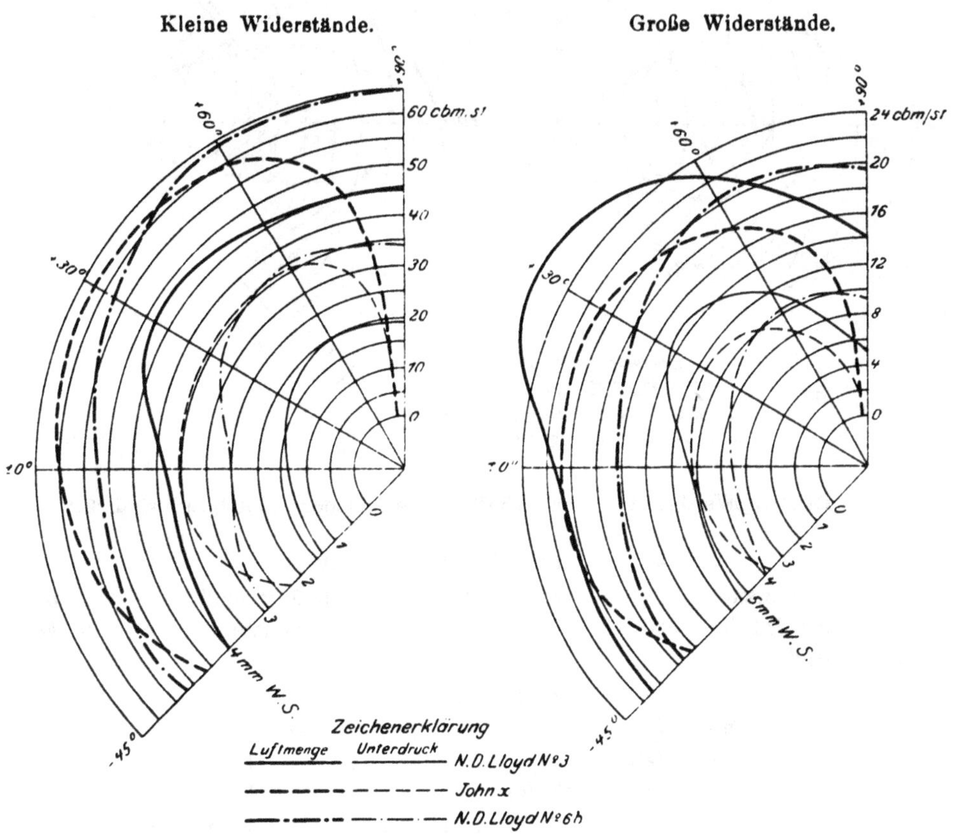

Fig. 10. Relative Wertigkeit der Saugköpfe für verschiedene Widerstände.

Für Preßköpfe ergab sich, daß die relative Wertigkeit der Modelle von der Größe des angehängten Widerstandes unabhängig war, was dadurch erklärt werden kann, daß die Preßköpfe im Gegensatz zu den Saugköpfen sehr einfache untereinander ähnliche Formen aufweisen.

Eine größere Reihe von Vorversuchen, von denen einer in Fig. 11 dargestellt ist, ergaben, daß die relative Wertigkeit der einzelnen Modelle für Saug- und Preßköpfe, sowohl bei kleinen als auch bei großen Widerständen unabhängig von der Windgeschwindigkeit war, weshalb alle Diagramme nur für eine mittlere Geschwindigkeit aufgezeichnet worden sind.

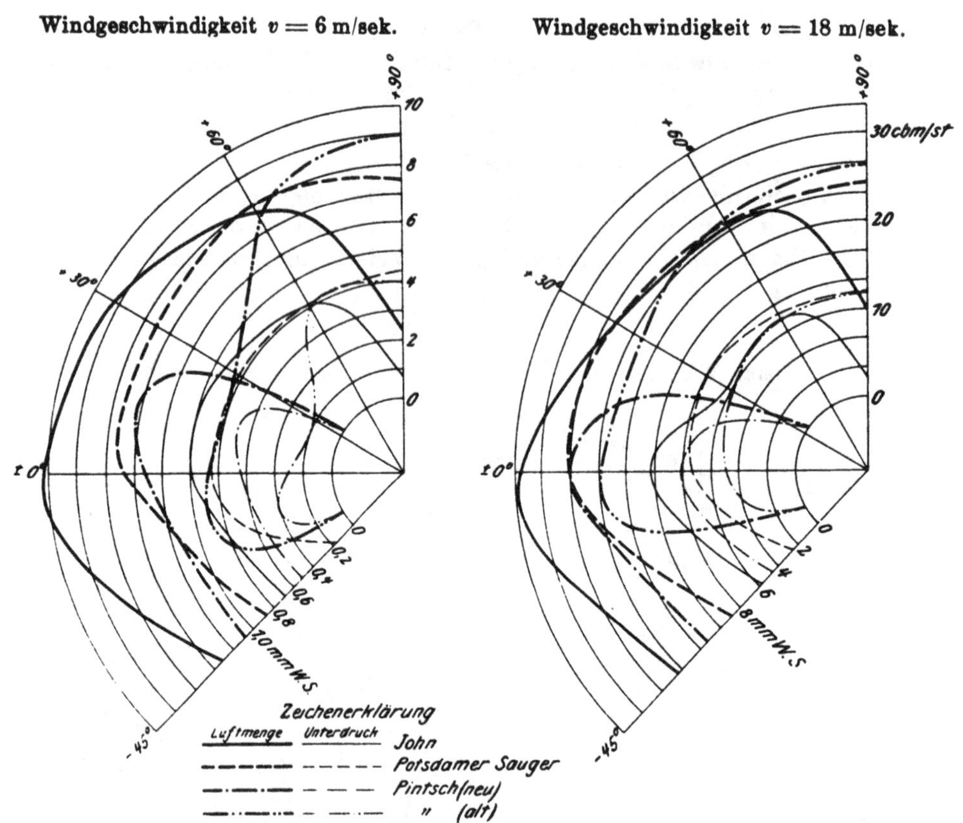

Fig. 11. Relative Wertigkeit der Saugköpfe für verschiedene Windgeschwindigkeiten.

5. Versuchsobjekte und Ergebnisse.

Zur Untersuchung gelangten 22 Saugköpfe und 9 Preßköpfe, die in den Tafeln I bis III im Maßstab 1 : 4 dargestellt und nachstehend einzeln verzeichnet sind:

a) Saugköpfe (Deflektoren).

1. Pintsch (neu)	Tafel I	Fig.	12
2. » (alt)	» I	»	13
3. » Modell 15480	» I	»	14
4. » » 29650	» I	»	15
5. John (neu)	» I	»	16
6. » y	» I	»	17
7. » x	» I	»	18
8. Potsdamer Sauger	» I	»	19
9. Grove	» I	»	20
10. » (neu)	» I	»	21
11. Schulze	» I	»	22
12. Schubert (Columbia)	» I	»	23
13. Astfalck I	» II	»	24
14. » II	» II	»	25
15. » III	» II	»	26
16. » IV	» II	»	27

17. Norddeutscher Lloyd I	. . . .	Tafel II	Fig. 28
18. » » II	. . . .	» II	» 29
19. » » III	. . . .	» II	» 30
20. » » IV	. . . .	» II	» 31
21. » » V	. . . .	» II	» 32
22. » » VI	. . . .	» II	» 33

b) Preßköpfe:

1. Norddeutscher Loyd I	. . . . .	Tafel III	Fig. 34
2. » » II	. . . . .	» III	» 35
3. » » III	. . . . .	» III	» 36
4. Prüfungsanst. f. Heiz.- u. Lüftungseinr.	I	» III	» 37
5. » » » » »	II	» III	» 38
6. » » » » »	III	» III	» 39
7. » » » » »	IV	» III	» 40
8. » » » » »	V	» III	» 41
9. » » » » »	VI	» III	» 42

Die auf die früher beschriebene Weise erhaltenen Umhüllungskurven wurden in den losen durchsichtigen Blättern 1 bis 9 verzeichnet[1]), durch deren Aufeinanderlegen die Wertigkeit beliebiger Konstruktionen in einfachster Weise miteinander verglichen werden kann.

Bei den Saugköpfen wurde, wie schon in der Versuchsanordnung beschrieben war, auch noch die Regendichtigkeit untersucht und, wie folgt, bezeichnet:

Minutl. Wassermenge in Litern:	Bezeichnung:
0	vollkommen dicht
0 bis 0,5	nahezu dicht
0,5 bis 2	mäßig undicht
über 2	sehr undicht.

6. Schlußfolgerungen.

1. Die Wirkung von Saug- und Preßköpfen ist wesentlich abhängig von dem Windanfallwinkel.
2. Die von ihnen geförderte Luftmenge ist linear proportional der ersten Potenz der Windgeschwindigkeit.

   Der erzeugte Unterdruck bzw. Überdruck ist proportional der zweiten Potenz der Windgeschwindigkeit.

   Die Leistung ist proportional der dritten Potenz der Windgeschwindigkeit und nimmt wesentlich ab, wenn der zu überwindende Widerstand zunimmt.
3. Die »relative Wertigkeit« der einzelnen Modelle ist unabhängig von der Windgeschwindigkeit.
4. Die relative Wertigkeit der Saugköpfe ändert sich — was für die Auswahl einer Konstruktion von Wichtigkeit ist — wesentlich mit der Größe des angeschlossenen Widerstandes; bei den untersuchten Preßköpfen ist dies nicht der Fall.

---

[1]) In der Mappe beigegeben.

IV. Leistungsversuche an einem Strebelkessel.

Vorwort des Vorstehers der Prüfungsanstalt.

Die Heizungsindustrie wählt zurzeit ihre Kessel lediglich nach den Angaben der betreffenden Firmen, d. h. nach den in deren Prospekten verzeichneten Gröfsen der Heizflächen und höchsten Wärmedurchgangszahlen, sie berücksichtigt somit wohl die Anschaffungskosten der Kessel, nicht aber die Wirtschaftlichkeit des späteren Betriebes. Der Wärmedurchgang eines Kessels kann bis zu einer gewissen oberen Grenze weit über das wirtschaftlicher Vollkommenheit genügende Mafs gesteigert werden. Als mafsgebend für die Beurteilung eines Kessels ist nur sein Wirkungsgrad anzusehen, der unter normalen Betriebsverhältnissen, d. h. unter Einhaltung normaler Temperatur und Geschwindigkeit des Wassers, entsprechender Beschickung, Abschlackung und Zugregelung durch Versuche zu bestimmen ist. Angaben über Ergebnisse von Kesselversuchen sind jedoch ohne sonderlichen Wert, wenn sie nicht gleichzeitig eine genaue Beschreibung der Versuchsanordnung enthalten, und Versuche, bei denen dem Kessel das Wasser mit einer Temperatur zugeführt worden ist, die weit unter der Betriebstemperatur liegt, können als einwandfrei nicht angesehen werden.

Bereits mehrfach war von seiten der Heiztechnik an die Prüfungsanstalt das Ersuchen gestellt worden, gußeiserne Gliederkessel in den Bereich ihrer Untersuchungen zu ziehen. Die vielfachen anderen wichtigen Aufgaben, die der jungen Anstalt entgegentraten, haben es bislang nicht ermöglichen lassen, sie mit den erforderlichen Einrichtungen für derartige Versuche auszurüsten. Dem von der Strebelwerk G. m. b H. in Mannheim ausgesprochenen Wunsche, einen ihrer Kessel eingehend zu untersuchen, konnte jedoch nachgekommen werden, da die Werke über einen eigenen Versuchsraum verfügen, und außerdem eine Verlegung der Versuche in die Zeit der Sommerferien der Technischen Hochschule möglich war.

Die vorstehenden Gründe veranlaßten den unterzeichneten Vorsteher der Prüfungsanstalt, dem Ersuchen des Strebelwerkes zu entsprechen, und er entsandte demgemäß unter Mitteilung einer allgemeinen Richtschnur für die Versuche die ständigen Assistenten Herrn Dr. techn. Brabbée und Herrn Dr.-Ing. Berlowitz nach Mannheim.

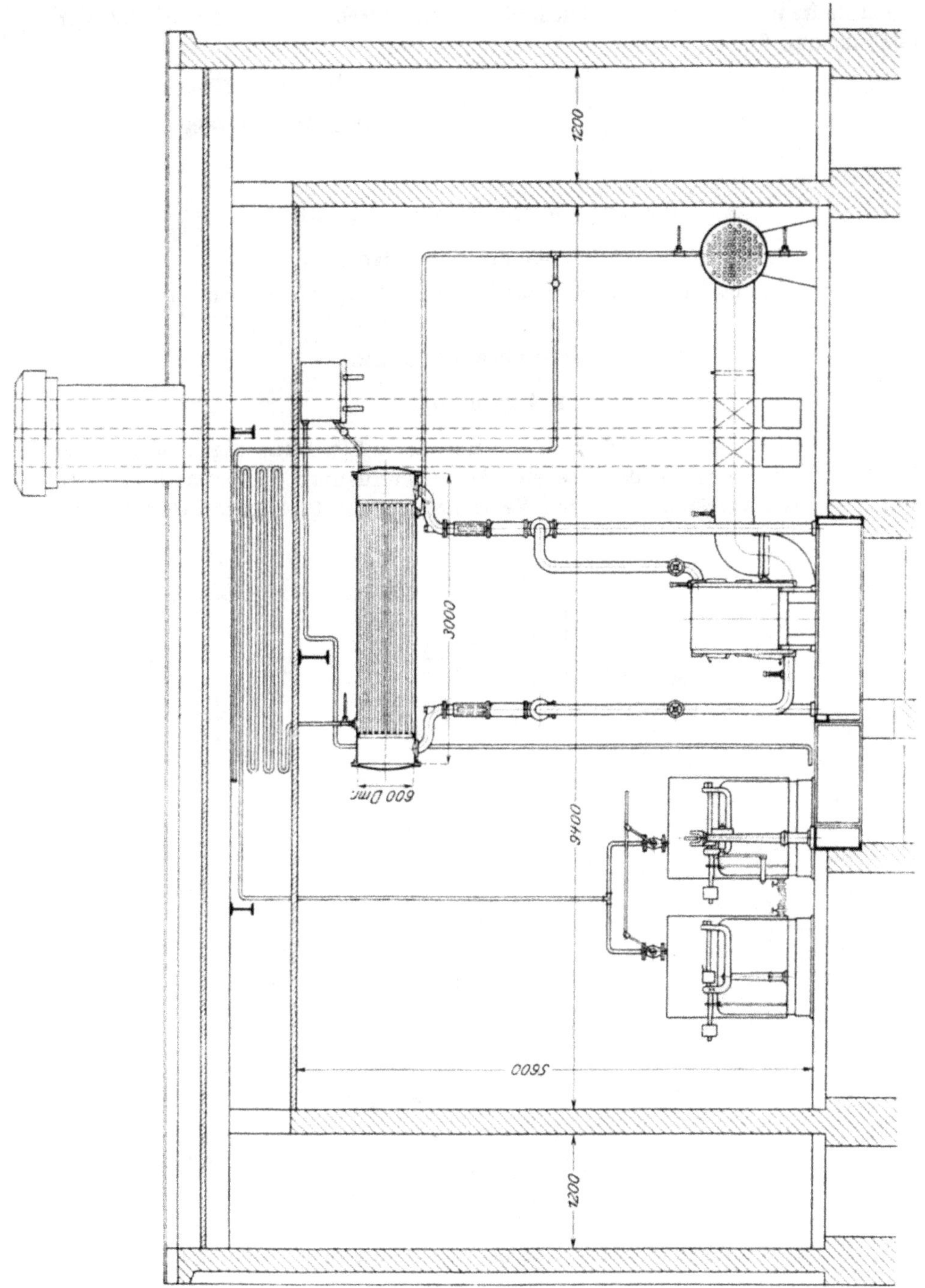

Fig. 1. Heizkesselversuchsstation der Strebelwerk G. m. b. H. (Aufriß).

Die Versuche waren ursprünglich nur als rein informatorisch vom Strebelwerk erbeten worden, doch da sie allgemeines Interesse besitzen dürften, sollen sie nach freundlich erteilter Genehmigung des Strebelwerks nachstehend Veröffentlichung finden.

Der Vorsteher:

Dr.-Ing. Rietschel.

Bericht an die Prüfungsanstalt

von den ständigen Assistenten

Privatdozent Dr. techn. K. Brabbée und Dr.-Ing. M. Berlowitz.

A. Versuchsanordnung.

1. Allgemeines.

Für die Versuche stand in Mannheim die in Fig. 1 und Fig. 2 dargestellte Heizkesselversuchsstation der Strebelwerke zur Verfügung. Sie bestand aus dem ringsum durch Vorräume isolierten Versuchsraum von 9,4 · 7,2 qm Grundfläche,

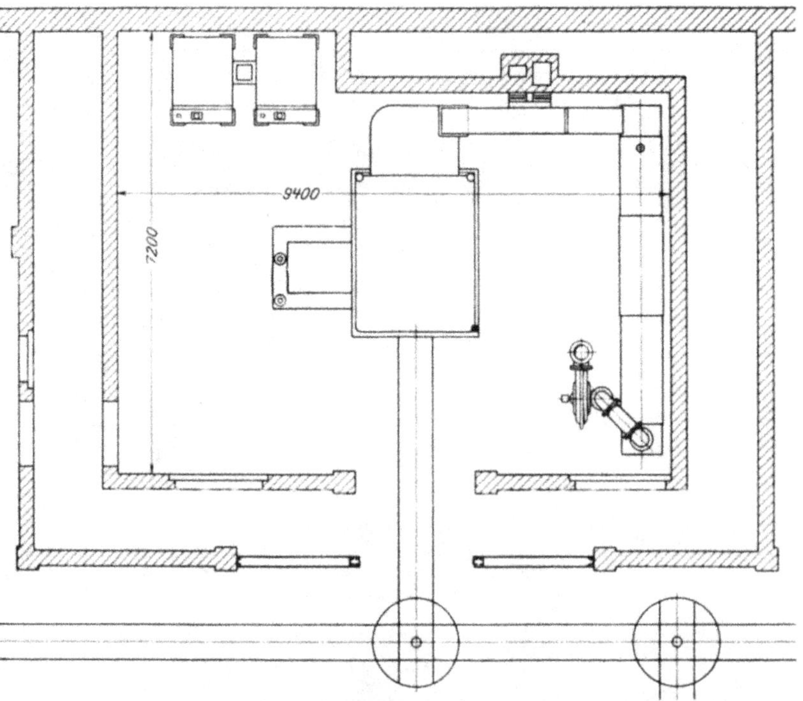

Fig. 2. Heizkesselversuchsstation der Strebelwerk G. m. b. H. (Grundriß).

der zum leichteren Transport und Aufbau der Heizkessel mit Einfahrtsgleis und Handkran versehen war. Der Versuchskessel *A* (s. das Schema der Anordnung Fig. 3) war zur Messung des verbrannten Kohlegewichtes auf einer Dezimalwage *B* montiert, deren Platte mit dem Fußboden abschnitt. Die Rauchgase wurden mittelst des Ventilators *C*, zunächst durch eine Leitung *D* von rechteckigem Querschnitt, dann durch einen Gegenstromkühler *E* abgesaugt. Zur Regelung der Kesselzugstärke befand sich in der Leitung *D* eine verstellbare Klappe, durch die man beliebig viel Nebenluft einlassen konnte. Der Kühler *E* diente in dem vorliegenden Falle keinen Versuchszwecken; seine Benutzung bot nur den Vorteil, die Abgase kalt in den Ventilator eintreten zu lassen.

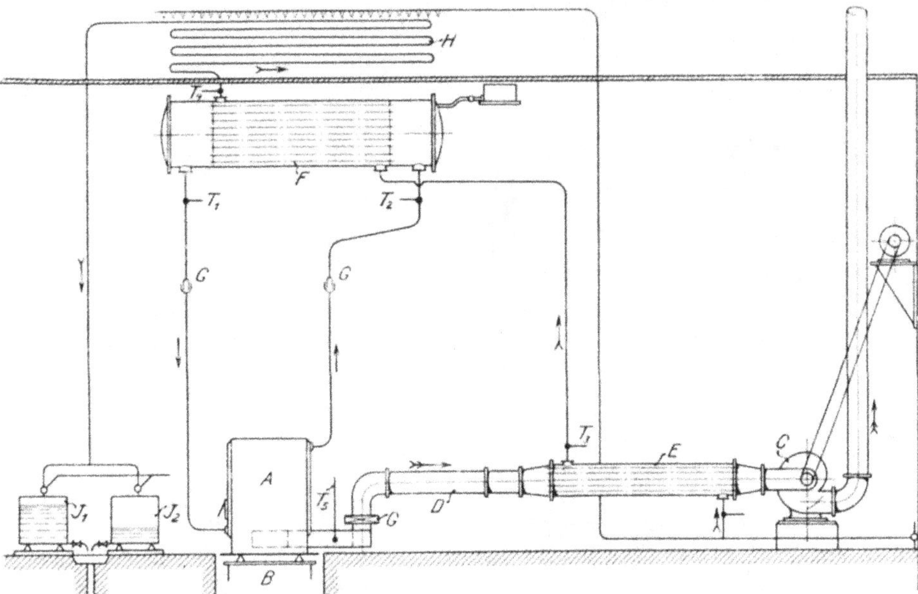

Fig. 3. Schema der Versuchsanordnung.

Das durch die Rauchgase nur um wenige Grade erwärmte Wasser floß weiter einem 5 m über dem Fußboden befindlichen Gleichstromwasserkühler *F* (isoliert mit 30 mm Seidenzopf) zu, durch den die Kesselleistung aufgezehrt und sonach Schwerkraftszirkulation erzielt wurde. Die beiden gleich dem Kühler isolierten Rohre für den Vor- und Rücklauf, sowie die Rauchgasleitung waren durch Quecksilberverschlüsse *G* mit dem Kessel verbunden, damit dieser frei auf der Wage schweben konnte. Das erwärmte Kühlwasser wurde, damit beim Wägen keine Dampfverluste entstehen, durch einen über Dach montierten Rieselkühler *H* wieder abgekühlt und floß dann je nach der Stellung der Hähne abwechselnd in eines der Wägegefäße J_1 oder J_2.

2. Versuchskessel.

Zur Untersuchung gelangte der im Katalog der Firma mit »Knappe« bezeichnete Warmwasserkessel der Serie II. Er ist in Fig. 4 dargestellt und hat folgende Dimensionen:

Gliederzahl 6.

Wasser- und feuerberührte Heizfläche (auf der Feuerseite gemessen)	3,92 qm
Rippenheizfläche	1,44 »
Rostheizfläche	0,06 »

Gesamte feuerberührte Heizfläche (auf der Feuerseite gemessen)	5,42 qm
Totale Rostfläche	0,10 »
Freie Rostfläche	0,0375 »
Gesamtinhalt des Füllschachtes	0,137 cbm
Inhalt von Oberkante Rost bis 5 cm oberhalb Fülltürunterkante	0,111 »
Wasserinhalt	120 l.

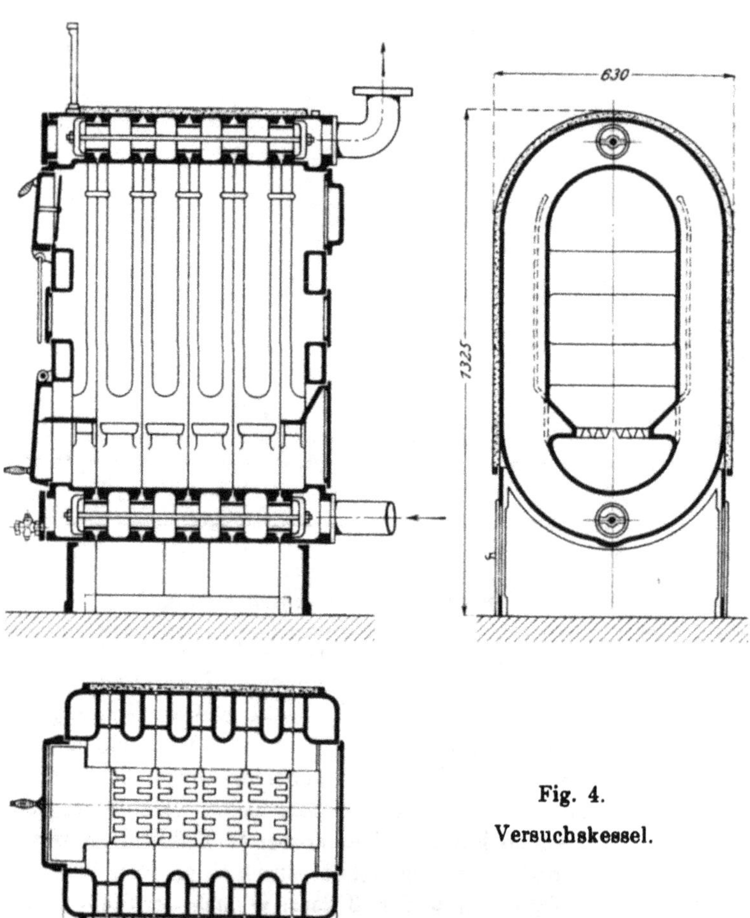

Fig. 4.
Versuchskessel.

Im Sinne der vom Verein Deutscher Ingenieure usw. aufgestellten »Normen für Leistungsversuche an Dampfkesseln und Dampfmaschinen«[1]) wurden die vorhandenen Heizflächen in »wasser- und feuerberührte« und »nur feuerberührte«

[1]) Punkt 12 der Normen lautet: Unter Heizfläche ist bei Dampfkesseln der Flächeninhalt der einerseits von den Heizgasen, andererseits vom Wasser berührten Wandungen zu verstehen. Sind noch andere Wandungen vorhanden, durch welche Wärme in den Dampfkessel übergeht, und sollen sie berücksichtigt werden, so ist deren von Heizgasen bespülte Fläche besonders anzugeben. Alle Heizflächen sind auf der Feuerseite zu messen.

Flächen getrennt, wozu bemerkt sei, daß für gußeiserne Gliederkessel im Gegensatz zu schmiedeisernen Großkesseln die »nur feuerberührte« Heizfläche einen erheblichen Teil der Gesamtheizfläche betragen kann.

Der Ermittelung der Kesselbelastung wurde die »gesamte feuerberührte Heizfläche« zugrunde gelegt, da Vorversuche mit einem ähnlich gebauten Vergleichskessel, dessen gleichgroße Gesamtheizfläche fast nur aus »wasser- und feuerberührter« Heizfläche bestand, eine geringere Nutzleistung des letzteren Kessels und daher für den vorliegenden Fall eine hohe Wertigkeit der Rippenheizfläche erwiesen hatten.

Selbstverständlich ist die Feststellung der Leistung und Güte eines Kessels unabhängig von der Definition der Heizfläche.

3. Meßinstrumente.

Die Kesselwage wie die beiden Wasserwagen waren drei Tage vor Beginn der Versuche vom städtischen Eichamt geeicht und mit entsprechenden Kennzeichen versehen worden. Die Temperaturen im Vor- und Rücklauf, die nur zur Einstellung, nicht aber zur Ausrechnung der Versuche dienten, wurden durch zwei Thermometer T_1 und T_2 (siehe Fig. 3) des Strebelwerkes gemessen, die bei der Nacheichung Abweichung unter 1° C ergaben. Zur Messung der rechnerisch verwerteten Kühlwassertemperaturen wurden zwei neu geeichte Thermometer der Prüfungsanstalt T_3 und T_4 verwandt. Diese zeigten unter einem Drucke von 3,6 atm. abs. nur eine Zunahme von max. 0,15° C, die um so eher vernachlässigt werden konnte, als eine solche Drucksteigerung während der Versuche niemals vorkam. Die Rauchgastemperaturen wurden, nachdem sich ein geeichtes Stickstoffthermometer der Prüfungsanstalt als zu träge erwiesen hatte, durch ein im Ölbad geeichtes Thermometer T_5 des Strebelwerkes bestimmt und schließlich der Unterdruck am Fuchs mittels eines an der Wand montierten geneigten Wassermanometers gemessen.

Auf die Aufstellung einer Wärmebilanz, welche eine Analyse sowohl der Herdrückstände als auch der Rauchgase in bezug auf unverbrannte Bestandteile erfordert hätte, wurde im Sinne des gewordenen Auftrages verzichtet. Die Rauchgasanalysen sind daher mit einem einfachen Orsatapparat vorgenommen worden, der die Feststellung des Luftüberschusses und eine beiläufige Kontrolle der auftretenden Kohlenoxydmengen gestattet.

B. Durchführung der Versuche.

Wie eingangs erwähnt, sollten die Versuche möglichst bei praktischen Betriebsverhältnissen durchgeführt werden, und es kam nun darauf an, die gegebenen Versuchseinrichtungen nach diesem leitenden Gesichtspunkt richtig zu benutzen. Die Kühlwassermenge wurde so eingestellt, daß der Rücklauf stets eine Temperatur von 60° hatte;[1]) der Widerstand des Zirkulationskreises

[1]) Die öfters angewandte Versuchsmethode, 15 bis 20 grädiges Wasser in den Kessel einzuspeisen, kann nicht als einwandfrei bezeichnet werden. Die niedrigen Eintrittstemperaturen des Wassers ermäßigen einerseits unmittelbar die Leitungs- und Strahlungsverluste des Kessels, andererseits erhöhen sie die Wärmedurchgangszahl und damit die von dem Kessel in einer bestimmten Zeit nutzbar abgegebene Wärmemenge, wodurch der prozentuale Einfluß der Leitungs- und Strahlungsverluste noch weiter herabgedrückt wird.

war derart bemessen, daß sich innerhalb der Untersuchungsgrenzen von 6000 bis 12000 WE/qm.·std. die Vorlauftemperaturen zwischen 70° und 77°, die Temperaturdifferenzen daher zwischen 10° und 17° bewegten, wodurch normale Temperaturverhältnisse und Wassergeschwindigkeiten im Kessel erreicht waren. Die für jede Belastung einzustellende Kühlwassermenge und Temperaturdifferenz konnten nach früheren Versuchen des Strebelwerkes einer graphischen Darstellung (siehe Fig. 5) entnommen werden. Vor jedem Versuch wurde das in den Zirkulationskreis eingeschaltete Ausdehnungsgefäß *G* bis zum Überlauf nachgefüllt.

Als Brennmaterial wurde Hüttenkoks der Gelsenkirchener Bergwerks-Aktiengesellschaft mit einer Stückgröße von 50×80 mm verwandt, der in einem neben der Versuchsstation liegenden Raum bereitgehalten und für alle Versuche gleichartig und insbesondere gleich gut ausgetrocknet war. Zwecks chemischer

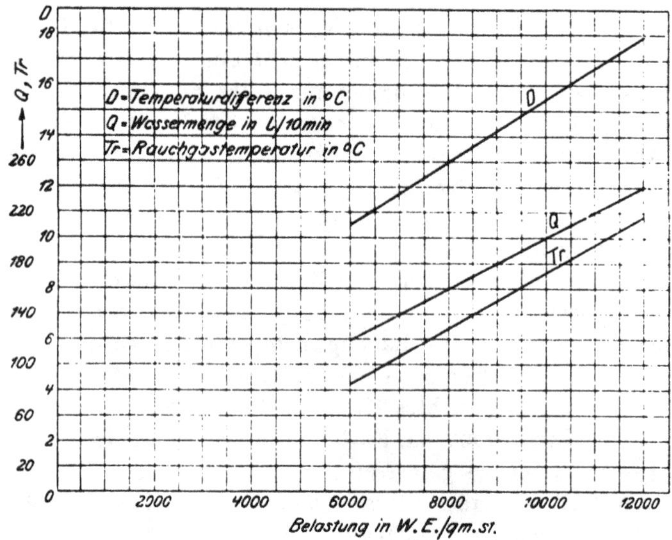

Fig. 5.

Analyse und Heizwertbestimmung wurden von jeder Charge mehrere Koksstückchen in einem Holzkasten gesammelt und nach Beendigung der Versuche an die Großherz. chem.-techn. Prüfungs- und Versuchsanstalt Karlsruhe eingesandt

Die Beschickung fand in der Weise statt, daß der Kessel nach einem Abbrand auf 20 cm über Rostoberkante bis 5 cm über Fülltürunterkante vollgeworfen wurde. Die Beobachtungen erstreckten sich über zwei unmittelbar einander folgende Versuche, wobei jeder derselben so lange dauerte, bis das aufgeworfene Koksgewicht verbrannt war. Da die Asche während jedes Versuches im Kessel verblieb, so konnte mit der Wage *B* nur die vergaste jedoch nicht die verheizte Kohle unmittelbar gewogen werden. Es wurde daher zunächst der Anteil der Asche in Prozenten der vergasten Kohle mit 12[1])

[1]) Dieser angenommene Prozentsatz hat selbstverständlich im Laufe der Versuche eine Kontrolle erfahren. Hierzu wurde am Ende eines jeden Versuchstages der Kessel kräftig geschürt, alle Luftzufuhr abgesperrt und am nächsten Morgen der Inhalt des Aschfalles mit dem im Füllmagazin verbliebenen Aschen und Schlackenteilen vereinigt und gewogen. Am Schluß der Untersuchungen zeigte sich, daß die obengenannte Zahl fast genau richtig war, indem als Mittelwert der eigenen Messungen 11,8% Aschegehalt festgestellt wurde.

angenommen, wie er sich aus früheren Versuchen des Strebelwerkes herausgestellt hatte, und unter Annahme dieser Zahl jeder Versuch, wie folgt, abgegrenzt. Zeigte die Wage bei Beginn des Versuches ein Gewicht G_0 und war ein Koksgewicht G aufgeworfen worden, so war der Versuch dann beendet, wenn sich auf der Wage das Gewicht $G_0 + G\frac{12}{112}$ einstellte, wozu bemerkt sei, daß vor jeder Kesselwägung der Ventilator abgestellt werden mußte, da seine Saugwirkung die Messung erheblich beeinflußte. Aus der beschriebenen Art der Beschickung folgt, daß sich naturgemäß die Versuchsdauer mit den verschiedenen Belastungen änderte.

Da es sich darum handelte, die Änderung des Wirkungsgrades mit der Kesselbelastung festzustellen, mußte während eines Versuches die Kesselleistung nach Möglichkeit konstant gehalten werden. Dies konnte nur durch Regelung der Zuluftmenge erfolgen und geschah dadurch, daß die Zuluftklappe nach anfänglich großer Öffnung mehr und mehr geschlossen wurde. Diese Tätigkeit hätte man einem automatischen Regler überlassen können, zumal dies mit der Praxis durchaus im Einklang gestanden hätte; jedoch sprachen mehrere Gründe dagegen. Erstlich ist eine, wie üblich, durch die Wasservorlauftemperatur betätigte automatische Vorrichtung zu träge, um die für vorliegenden Zweck gewünschte Gleichförmigkeit zu erzielen, zweitens bildet der Regler ein von dem Heizkessel unabhängiges Konstruktionsglied, dessen Eigenschaften zum mindesten durch vorhergehende besondere Untersuchungen hätten festgestellt werden müssen. Schließlich hätte bei vergleichenden Kesselversuchen die Verwendung der jeweilig entsprechenden Reglerkonstruktion ein unmittelbares Urteil unmöglich gemacht, und bei Verwendung desselben Reglers hätten bezüglich seiner Wahl Schwierigkeiten auftreten müssen, da ein- und dieselbe Konstruktion für einen Kessel gut, für einen anderen aber unvorteilhaft sein kann. Aus diesen Gründen wurde von einer automatischen Regelung abgesehen und Handregelung angewandt.

Bei einigen Vorversuchen, die zur Feststellung der Versuchseinzelheiten wie zur Einübung des zahlreichen Personals nötig waren, wurde teils nach konstanter Temperaturdifferenz zwischen Vor- und Rücklauf $t' - t''$ teils nach der Rauchgastemperatur t_r geregelt. Nach beiden Methoden zeigten die Schaubilder der Kesselleistung gleichförmigen Verlauf. Als Kesselleistung wurde hierbei, wie sich bald herausstellte mit Unrecht, das Produkt aus Kühlwassermenge und zugehöriger Temperaturdifferenz $t_a - t_e$ angesehen, das, den Ablesungen entsprechend, für einen Zeitraum von je 10 Minuten berechnet wurde. In Fig. 6, die einen der Vorversuche darstellt, ist diese Leistung als scheinbare bezeichnet; Beschickung 1 war hier nach der ersten, Beschickung 2 nach der zweiten Methode reguliert. Die eben gegebene Berechnung der Leistung wäre nur bei einem vollkommenen Beharrungszustand richtig gewesen; da sich die Temperaturen jedoch andauernd änderten, so wirkte der im Kühl- und Kesselwasserkreis liegende Gleichstromapparat F als ein Wärmespeicher, der infolge seines großen Wasser- und Eiseninhaltes auch bei kleinen Temperaturschwankungen große Wärmemengen aufspeicherte, bzw. abgab. Die genaue Berechnung ergab, daß einer Temperaturänderung von 1^0 C im Kühlwasserkreis 500 WE, im Kesselwasserkreis 560 WE entsprachen. Auch die Vor- und Rücklaufleitungen, die bei je 6 m Länge einen äußeren Durchmesser von 108 mm hatten, mußten in diesem Zusammenhange berücksichtigt werden, und zwar entsprachen einem Grad Temperaturänderung in jeder Leitung 67 WE. Für einen bestimmten Zeitraum, in welchem sich t' um $\Delta t'$,

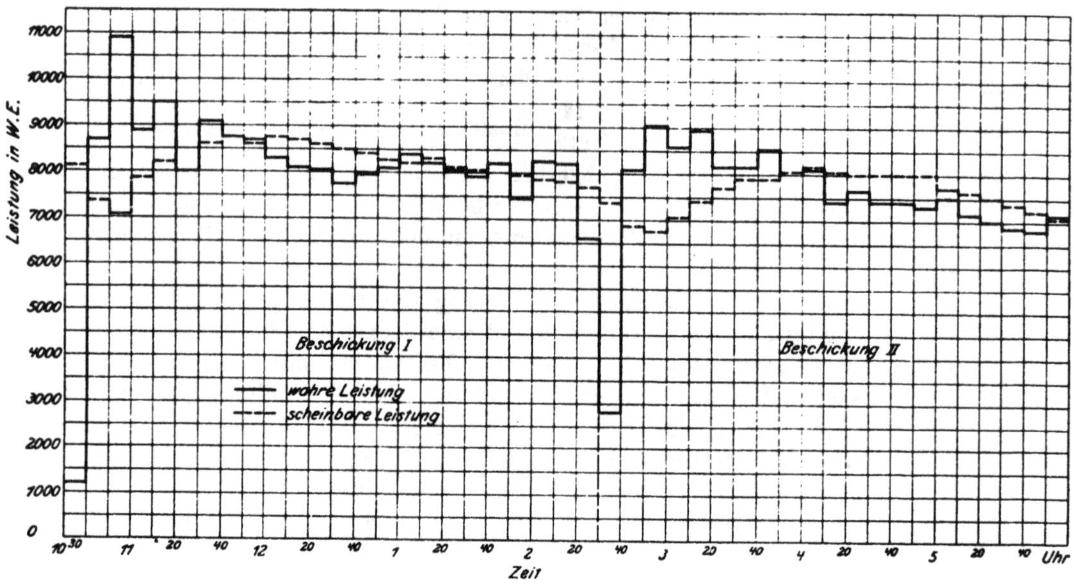
Leistung in W.E.
11000
10000
9000
8000
7000
6000
5000
4000
3000
2000
1000
0
Beschickung I
Beschickung II
wahre Leistung
scheinbare Leistung
10 30
11
20
40
12
20
40
1
20
40
2
20
40
3
20
40
4
20
40
5
20
40
Uhr
Zeit

Fig. 6.

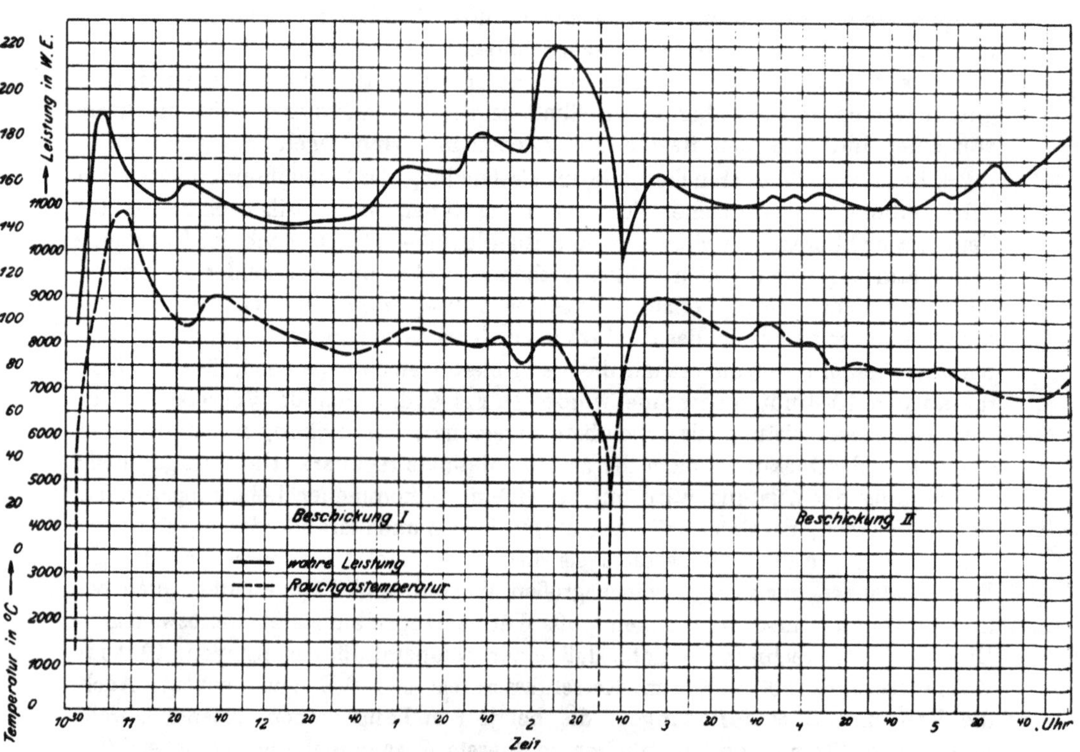
Temperatur in °C → Leistung in W.E.
220
200
180
160
140
120
100
80
60
40
20
0
11000
10000
9000
8000
7000
6000
5000
4000
3000
2000
1000
0
Beschickung I
Beschickung II
wahre Leistung
Rauchgastemperatur
10 30
11
20
40
12
20
40
1
20
40
2
20
40
3
20
40
4
20
40
5
20
40
Uhr
Zeit

Fig. 7.

Zahlentafel 1.

Zeit	Gewicht des Kessels kg	Aufgesch. Kohle kg	Temperatur des Kesselwassers Vorlauf	Rücklauf	Differenz	Temperatur des Kühlwassers Eintritt	Austritt	Differenz	Kühlwassermenge kg/10 Min.	Vom Kühler aufgen. Wärmemenge WE/10 Min.	Rauchgas- Temperat. ° C	Analyse CO_2	O	CO	Bemerkungen
11^{15}	1083,0		59,0	75	16 0	21,5	63,0	41,5							
20		35	55,2	66,9	11,7	21,5	61,1	39,6	142,0	5 630	137				I. Beschickung
25			53,1	65,0	11,9	21,5	59,0	37,5			157				
30			52,8	67,0	14,2	21,1	56,5	35,4	250,0	9 370	205	12,0	7,7	1,2	
35			53,2	69,3	16,1	21,0	56,2	35,2			210				
40			54,1	71,0	16,9	20,8	56,5	35,7	249,5	8 820	217	14,8	4,2	1,9	
45			55,0	72,0	17,0	20,5	57,5	37,0			210				
50			56,0	73,1	17,1	20,2	58,6	38,4	245,5	9 070	225	14,8	5,2	1,0	
55			57,0	74,3	17,3	20,0	60,0	40,0			222				
12^{00}			57,8	75,2	17,4	19,6	60,8	41,2	244,0	9 895	223	15,2	5,1	—	
05			58,4	75,8	17,4	19.6	63,0	43,4			227				
10			59,0	76,2	17,2	19,5	63,6	44,1	230,0	9 850	228	15,1	5,3	—	
15			59,5	76,9	17,4	19,4	63,5	44,1			230				
20			59,4	76,9	17,5	19,2	63,6	44,4	244,5	10 800	229	14,7	6,0	—	
25			59,4	76,7	17,3	19,2	63,3	44,1			231				
30			59,0	76,4	17,4	19,0	62,7	43,7	261,5	11 500	237	14,5	6,2	—	
35			58,8	76,2	17,4	18,9	62,7	43,7			249				
40			58,5	76,1	17,6	18,6	62,4	43,8	266,0	11 600	244	14,3	5,5	1,0	
45			58,4	75,8	17,4	18,6	62,0	43,4			244				
50			58,3	75,4	17,1	18,5	61,6	43,1	264,0	11 440	240	13,7	6,4	0,6	
55			57,8	75,2	17,4	18,5	61,5	43,0			244				
1^{00}			57,5	75,0	17,5	18,5	61,2	42,7	265,5	11 380	242	14,6	5,9	—	
05			57,2	74,7	17,5	18,5	60,6	42,1			247				
10			57,1	74,1	17,0	18,5	60,5	42,0	265,5	11 200	249	15,1	5,5	—	
15			57,0	74,0	17,0	18,6	60,1	41,5			253				
20			56,8	73,6	16,8	18,6	60,0	41,4	265,5	11 020	250	14,8	5,8	—	
25			56,2	73,5	17,3	18,6	59,5	40,9			254				
30			56,0	73,1	17,1	18,7	59,2	40,5	265,5	10 840	254	14,7	5,9	—	
35			55,8	72,8	17,0	18,9	59,3	40,4			244				
40			55,7	72,2	16,5	18,7	58,8	40,1	265,5	10 690	250	13,0	7,7	—	
45			55,2	72,2	17,0	18,8	58,5	39,7			255				
50			55,3	71,8	16,5	18,8	58,5	39,7	261,5	10 440	261	13,0	7,7	—	
55			55,0	71,5	16,5	19,0	58,1	39,1			258				
2^{00}			54,9	71,2	16,3	19,0	57,5	38,5	265,0	10 350	265	11,6	9,1	—	
05			54,8	70,3	15,5	19,2	57,2	38,0			261				
10			54,4	70,1	15,7	19,2	57,2	38,0	255,0	9 750	265	10,7	10,1		
15			54,0	70,1	16,1	19,5	57,8	38,3			278				
20	1086,2		53,8	69,3	15,5	19,6	57,1	37,5	254,0	9 640	268	—	—		
25		30	51,9	62,3	10,4	19,8	56,0	36,2			89				II. Beschickung
30			48,2	59,4	11,2	19,7	53,5	33,8	240,0	8 600	129	11,7	8,5	0.43	
35			48,2	62,4	14,2	19,9	51,0	31,1			205				
40			48,3	63,3	15,0	19,9	51,2	31,3	242,5	7 790	220	13,7	5,7	1.5	
45			49,1	64,8	15,7	19,8	51,2	31,4			220				
50			50,8	67,2	16,4	19,8	52,6	32,8	243,5	7 740	214	15,2	4,8	0,8	
55			52,1	69,0	16,9	19,7	53,1	33,4			224				
3^{00}			53,2	70,2	17,0	19,6	55,4	35,8	246,0	8 370	225	15,0	4,6	1,2	
05			54,3	71,8	17,5	19,7	56,6	36,9			223				
10			55,2	72,3	17,1	19,8	57,6	37,8	238,5	8 770	229	14,7	5,0	1,1	
15			55,4	73,3		19 6	58,7				229				
20			56,3	73,4		19,6	60,0		247,5	9 700	232	14,8	5,3		
25			56,8	74,0		19,6	60,0				230				
30			57,0	74,0		19 6	61,1		246.5	10 090	230	15,0	5,3		
35			57,2	74,0		19,5	60,6				232				
40			57,0	74,1		19,6	60,6		250,5	10 300	230	14,5	6,0		
45			57,0	73,8		19,5	60,6				225				
50			57,2	74,0		19,5	61,0		250,5	10 300	232	15,2	5,5		
55			57,2	74,1		19,6	61,0				240				
4^{00}			57,4	74,2		19,6	61,0		252,0	10 410	242	14,4	6,3		
05			57,8	74,2		19,5	61,2				245				
10			57,4	74,3		19,6	61,2		251,5	10 450	251	14,1	6,6		
15			57,8	74,8		19,7	61,4				247				
20			57,8	74,5		19,7	61,2		252,0	10 490	248	14,3	6,4		
25			57,7	74,8		19,6	61,0				254				
30			58,0	74,8		19,7	61,2		247,5	10 250	254	13,5	7,0		
35			58,0	74,8		19,8	61,2				258				
40			58,0	74,9		20.0	61,7		248,0	10 290	261	12,9	7,9		
45			58,0	74,4		19.8	61,5				265				
50	10899		57,0	74,2		19,9	61,2		249,0	10 350	265	12,0	8,8		

t'' um $\Delta t''$, t_e um Δt_e und t_a um Δt_a änderten, mußten daher zur scheinbaren Leistung, ihrem Vorzeichen entsprechend, noch folgende Werte addiert werden:

$$500 \frac{\Delta t_e + \Delta t_a}{2} \text{ WE}$$

$$560 \frac{\Delta t' + \Delta t''}{2} \text{ WE}$$

$$67 (\Delta t' + \Delta t'') \text{ WE.}$$

Zur Ermittelung der wahren Leistung mußte ferner auch die Wärmeabgabe der Versuchseinrichtung nach außen berücksichtigt werden. Unter Annahme eines Wärmetransmissionskoeffizienten von $k = 8{,}5$, einer Wärmeersparnis der Isolation von 65%, einer Raumtemperatur von 20°, einer für alle Versuche nur wenig schwankenden mittleren Temperaturen des Kühlers von rund 51,0° C und einer solchen der Vor- und Rücklaufleitungen von rund 66°, erhielt man eine stündliche Wärmeabgabe der Versuchseinrichtung (mit Ausnahme des Kessels) von 1300 WE.

Nunmehr konnte unter Berücksichtigung von Wärmeaufspeicherung und Wärmeabgabe aus der scheinbaren Kesselleistung die wahre ermittelt werden. Sie ist für denselben Vorversuch ebenfalls in Fig. 6 verzeichnet und weicht erheblich von der scheinbaren Leistung ab.

Dagegen weist Fig. 7, in welcher die wahren Leistungen und Rauchgartemperaturen verzeichnet sind, eine augenfällige Übereinstimmung zwischen den beiden Kurven, besonders im ersten Teil jeder Beschickung auf. Damit war in der Unveränderlichkeit der Rauchgastemperaturen während des ersten Teiles der Beschickung und in ihrem allmählichen, geringen Ansteigen während des zweiten Teiles ein leicht erkennbares Anzeichen für die Gleichmäßigkeit der wahren Kesselleitung gefunden, weshalb die Regelung zunächst nach Maßgabe der Rauchgastemperaturen erfolgen konnte.

Während der Versuche, bei denen die Temperaturmessungen alle 5 Minuten, die Wassermessungen und Rauchgasanalysen alle 10 Minuten stattfanden, wurden in einem Hilfsprotokoll aus der scheinbaren Leistung, der Wärmeaufspeicherung und den Abkühlungsverlusten die wahre Leistung ermittelt, für je 10 Minuten hieraus die Belastung berechnet und in einem Schaubild aufgetragen. Durch den auf diese Weise erhaltenen fortdauernden Überblick war es unter gleichzeitiger Beobachtung der Rauchgastemperaturen möglich, die Kesselleistung nicht nur ziemlich konstant zu halten, sondern auch fast genau auf die gewünschte Höhe einzustellen. Um einen objektiven Maßstab für die Größe der Leistungsschwankungen zu erhalten, wurde in das erwähnte Schaubild auch die mittlere Belastung für die ganze Versuchsperiode eingetragen, die Flächen oberhalb bzw. unterhalb dieser mittleren Linie in Prozenten der Gesamtfläche ausgedrückt und dieser Prozentsatz als Ungleichförmigkeitsgrad bezeichnet.

C. Versuchsergebnisse.

Auf vorbeschriebene Weise wurden insgesamt vier Versuche bei den Belastungsstufen von 6050, 8050, 9900 und 11300 WE/qm-std. ausgeführt, deren Ungleichförmigkeitsgrade $\pm$ 6% nicht überstiegen.

Für einen dieser Versuche (Nr. 3) ist das Schaubild der Belastungen in Fig. 8 dargestellt, für einen anderen (Nr. 4) das Versuchsprotokoll in Zahlentafel 1 zusammengefaßt. Die beiden Beschickungen jeder Versuchsreihe wurden zunächst einzeln ausgewertet und dann die Durchschnittszahlen weiter benutzt.

Das Ergebnis der vier Hauptversuche enthält Zahlentafel 2, deren Spalten teils aus dem Vorhergehenden unmittelbar verständlich sind, teils im nachstehenden noch besonders erläutert werden sollen.

Spalte 8. Die Menge der verheizten Kohle ist aus den Spalten 6 und 7 ermittelt, wobei als Prozentsatz von Asche, Schlacke und Rostdurchfall (bezogen auf das Gewicht der vergasten Kohle) 11,8 % eingesetzt wurde, welcher Wert sich, wie bereits erwähnt, als Mittel aus allen vier Versuchen ergab.

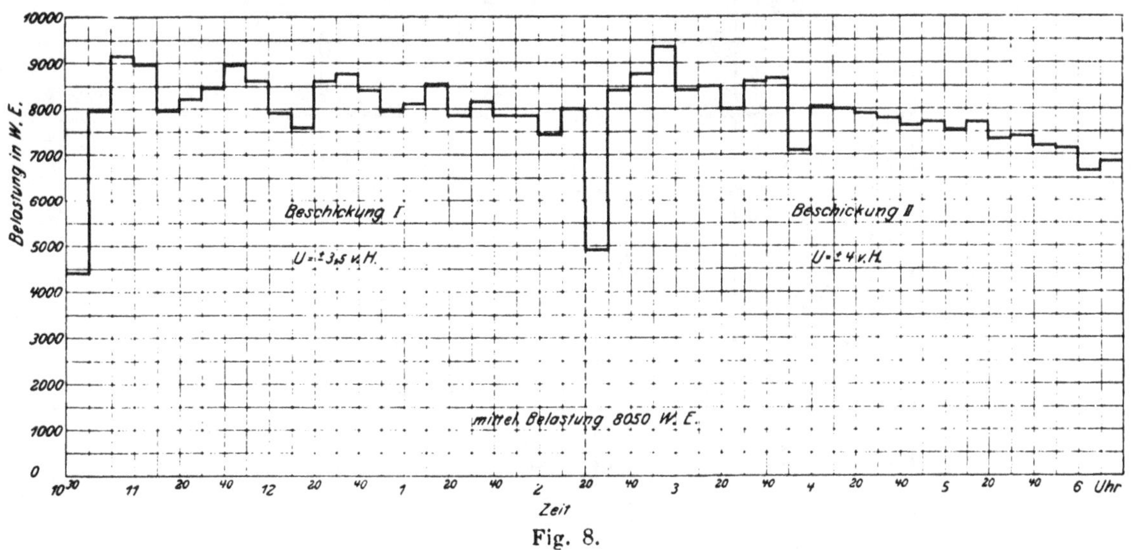

Fig. 8.

Spalte 11. Der Luftüberschuß rechnet sich aus der Rauchgasanalyse nach der Formel

$$L = \frac{N}{N - \frac{79}{21} 0}$$

worin die Buchstaben den aus der Analyse hervorgehenden Anteil der betreffenden Gase in Volumprozenten bedeuten.

Spalte 13. Der Berechnung der in der Kohle enthaltenen Wärmemengen ist ein Heizwert von 7235 WE zugrunde gelegt, den die Großh. chem.-techn. Prüfungs- und Versuchsanstalt in ihrem Attest vom 22. Oktober 1908 auf Grund zweier Verbrennungsversuche in der Berthelot-Malerschen kalorimetrischen Bombe angab. Das Resultat der chemischen Analyse des lufttrockenen Kokses war nach demselben Attest in Gewichtsprozenten:

Kohlenstoff	88,76 %
Wasserstoff	0,22 %
Sauer- und Stickstoff	1,44 %
Schwefel	0,64 %
Asche	8,61 %
Wasser	0,33 %

Zahlentafel 2.

1.	2.	3.	4.	5.	6.	7.	8.	9.	10.		11.	12.	13.	4.	15.
Nr. des Versuches	Be-schickung	Versuchs-dauer	Nutz-leistung W. E.	Belastung W.E./qm-std.	Ver-gaste Kohle kg	Asche + Schlacke + Rostdurch-fall kg	Ver-heizte Kohle kg	Ungleich-förmig-keitsgrad U %	Rauchgas-analysen CO_2	O	Luft-über-schuß L	Rauch-gas-temp. °C	In der verheizten Kohle enth. Wärme-menge W. E.	Wir-kungs-grad %	Bemerkungen
I	1	3 std. 05 min.	191 700	11 450	31,8		35,6	5 %					257 500	74,5	Die Rauchgasanalysen wiesen nur unmittelbar nach dem Beschicken 1—2 Vol. % CO auf, die alsbald verschwanden. — Die Zugstärke überschritt normalen Schornsteinzug nicht und schwankte zwischen 2 u. 6 mm W.S.
	2	2 » 30 »	151 300	11 150	26,3		29,4	6 %					212 800	71,1	
	Mittelw.	5 » 35 »	343 000	11 300	58,1	6,92	65,0		14,0	6,4	1,4	233 °	470 300	73,0	
II	1	3 std. 30 min.	186 000	9 800	30,3		33,9	6 %					245 300	75,9	
	2	3 » 00 »	164 000	10 100	27,3		30,5	5 %					220 700	74,7	
	Mittelw.	6 » 30 »	350 000	9 900	57,6	6,42	64,4		14,1	6,4	1,4	197,5 °	46 600	75,3	
III	1	3 std. 50 min.	170 100	8 200	26,1		29,2	3,5 %					211 200	80,6	
	2	4 » 00 »	171 000	7 900	26,4		29,5	4 %					213 300	80,2	
	Mittelw.	7 » 50 »	341 100	8 050	52,5	6,63	58,7		15,0	5,3	1,4	136,5 °	424 500	80,4	
IV	1	5 std. 10 min.	170 900	6 100	25,7		28,7	4 %					207 500	82,4	
	2	5 » 20 »	172 700	6 000	26,1		29,2	4,5 %					211 200	81,9	
	Mittelw.	10 » 30 »	343 600	6 050	51,8	5,95	57,9		13,8	6,8	1,5	94,5 °	418 700	82,1	

Hieraus berechnet sich nach der Verbandsformel[1]):

$$8110 \cdot C + 29000\left(H - \frac{O+H}{8}\right) + 2500\,S - 600\,W$$

der Heizwert zu 7216 WE; er stimmt also mit dem kalorimetrisch ermittelten gut überein.

Spalte 14. Die Wirkungsgrade, die in Fig. 9 als Funktion der Kesselbelastung aufgetreten sind, ergeben sich als Quotienten der in den Spalten 4 und 13 enthaltenen Werte. Innerhalb der Belastungsgrenzen von 6000 bis 12000 WE/qm-std. schwankt der Wirkungsgrad zwischen 82,4 und 70% und scheint sein Maximum bei rund 7000 WE/qm-std. zu erreichen.[2])

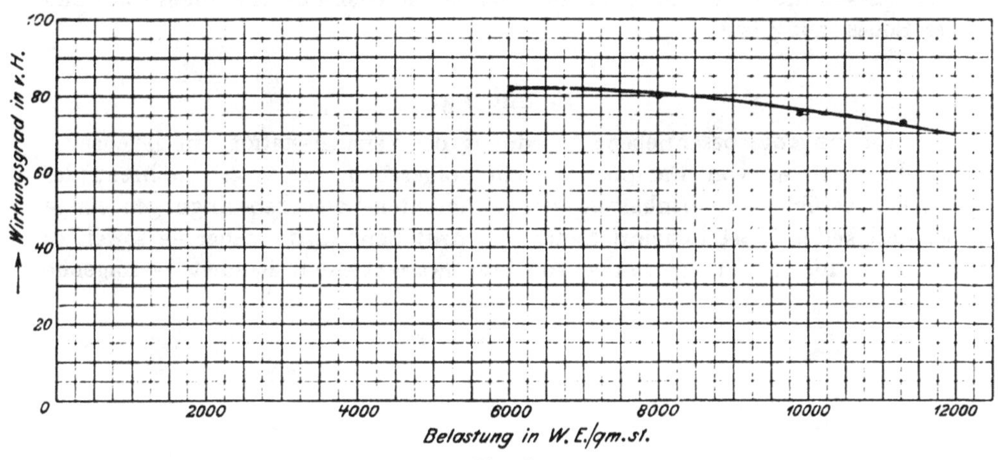

Fig. 9.

D. Schlußfolgerungen.

I. Ähnlich wie für den untersuchten Kessel lassen sich für die Kessel jeder anderen Konstruktion Wirkungsgradskurven als Funktion der Belastung aufnehmen. Diese Kurven werden sich nicht nur in der absoluten Höhe sondern auch im Charakter voneinander unterscheiden. In Rücksicht auf die Betriebskosten ist daher die Heizungstechnik nicht nur daran interessiert zu wissen, welcher Kessel die höchsten Wirkungsgrade besitzt, sondern auch, in in welchem Belastungsbereich diese annähernd aufrechterhalten werden.

II. Die Feststellung der Leistung, der Belastung und des Wirkungsgrades[3]) von Zentralheizungskesseln erfolgt durch Versuche, bezüglich deren Durchführung folgende Gesichtspunkte besonders hervorzuheben sind:

1. Einhaltung normaler Betriebsverhältnisse inbezug auf Wassergeschwindigkeit, Temperaturen, Beschickung, Abschlacken und Schornsteinzug,

---

[1]) Siehe Hütte, 20. Aufl. Bd. I. S. 372.

[2]) Es ist nicht ausgeschlossen, daß bei weiter abnehmender Belastung der Wirkungsgrad noch besser wird (s. Hottinger: »Vom Nutzeffekt gußeiserner Gliederkessel«, Gesundheits-Ingenieur 1907.

[3]) Leistung ist die dem Wärmeträger pro Stunde zugeführte Wärmemenge in WE, Belastung ist die dem Wärmeträger pro qm Heizfläche und Stunde zugeführte Wärmemenge, Wirkungsgrad ist das Verhältnis der dem Wärmeträger zugeführten Wärmemenge zum Heizwert des verfeuerten Brennstoffes.

2. Regelung des Kessels auf konstante Leistung,
3. Durchführung zweier Beschickungen für jeden Versuch, die getrennt auszuwerten und deren Ergebnisse nur dann zu benutzen sind, wenn die Abweichungen innerhalb der unvermeidlichen Beobachtungsfehler liegen,
4. Kalorimetrische Bestimmung des Heizwertes aus Durchschnittsproben des Brennstoffes.

III. Einen vollständigen Aufschluß über die Verluste eines Kessels gibt die Wärmebilanz, zu deren Aufstellung außer den zu I und II erforderlichen Messungen eine chemische Analyse des Brennstoffes, eine Untersuchung der Herdrückstände auf »Verbrennliches« und eine genaue Analyse der Rauchgase, insbesondere die Ermittelung der in ihnen enthaltenen unverbrannten Gase und des Rußes, nötig ist.[1])

E. Anhang.

Die eingangs beschriebene Anordnung der Versuchsstation, die gleichzeitig für die Prüfung von Dampfheizkesseln vorgesehen war, ergab während der Arbeiten bezüglich der Einhaltung der gewünschten Versuchsbedingungen einige Schwierigkeiten. Bei Neueinrichtung von Anstalten dürfte daher — soweit es sich nur um die Untersuchung von Warmwasserkesseln handelt — folgende

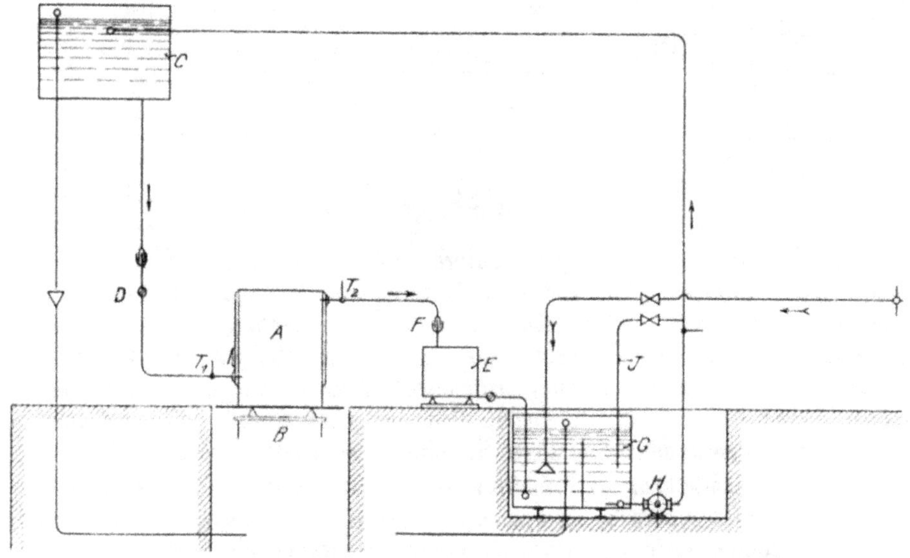

Fig. 10. Schema zur Untersuchung von Warmwasserkesseln.

Anordnung (siehe Fig. 10) zu empfehlen sein. Dem zu prüfenden, auf der Wage *B* stehenden Kessel *A* fließt aus dem Überlaufgefäß *C* Wasser mit gleichmäßiger Geschwindigkeit und konstanter Temperatur (rund 60°) zu; die Wassergeschwindigkeit wird durch den Hahn *D* reguliert. Das aus dem Kessel austretende Wasser wird abwechselnd in parallel geschalteten Wägegefäßen *E* gemessen,

[1]) De Grahl: »Über Leistungsversuche bei Heizkesseln usw.«. Gesundheits-Ingenieur 1907.

sodann in dem Mischgefäß *G* durch regelbaren Kaltwasserzulauf auf die gewünschte Rücklauftemperatur gebracht und durch eine Pumpe *H* in das erwähnte Übergefäß gehoben. Die Pumpenleistung wird zweckmäßig durch eine Umlauflaufleitung *J* nach Bedarf verändert. Diese Anordnung hat folgende Vorzüge: Da der Rücklauf hinsichtlich Temperatur und Geschwindigkeit vollkommen konstant ist, kann die Kesselleistung einwandfrei nach der Vorlauftemperatur beurteilt und geregelt werden. Die Kesselleistung ist jederzeit direkt als Produkt von Wassermenge und Erwärmung ohne Berücksichtigung von Aufspeicherungen und Abkühlungsverlusten zu berechnen. Ferner gestattet die Anordnung weitgehende Benutzung von automatischen Meß- und Reguliervorrichtungen, so daß nur wenig Personal zur Durchführung der Versuche nötig ist.

Anordnung zur U

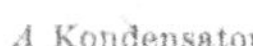

A Kondensator

B, C, D Kühler

K zu untersuchender Kondenstopf

M_1, M_1', M_2 Federmanometer

M_3 Manometer mit Maximumzeiger.

Mr Registrierendes Manometer

R Kupferrohr

S Luftsammler

T_1 Thermometer zum Messen der Dampftemperatur

T_2 Thermometer zum Messen der Kondensattemperatur

T_3—T_7 Thermometer zum Messen der Kühlwassertemperat.

Tr Registrierendes Thermometer zum Messen der Kühlwassertemperatur

V_1—V_3 Absperrventile der Dampfleitungen

V_4 Dampfdrosselventil

V_5—V_8 Absperrventile der Dampfschlangen am Eintritt

V_9—V_{12} ebenso am Austritt.

V_{18} Nadelventil mit Mikrometerantrieb

V_{19} Wasserdruck-Reduzierventil

V_{20} Wassereintrittsventil

V_d Dampfventile zum Einschalten eines Dampfmessers

V_e Entleerungsventile

V_f Füllungsventile

V_L Entlüftungsventile

W_1 Wasserstandanzeiger

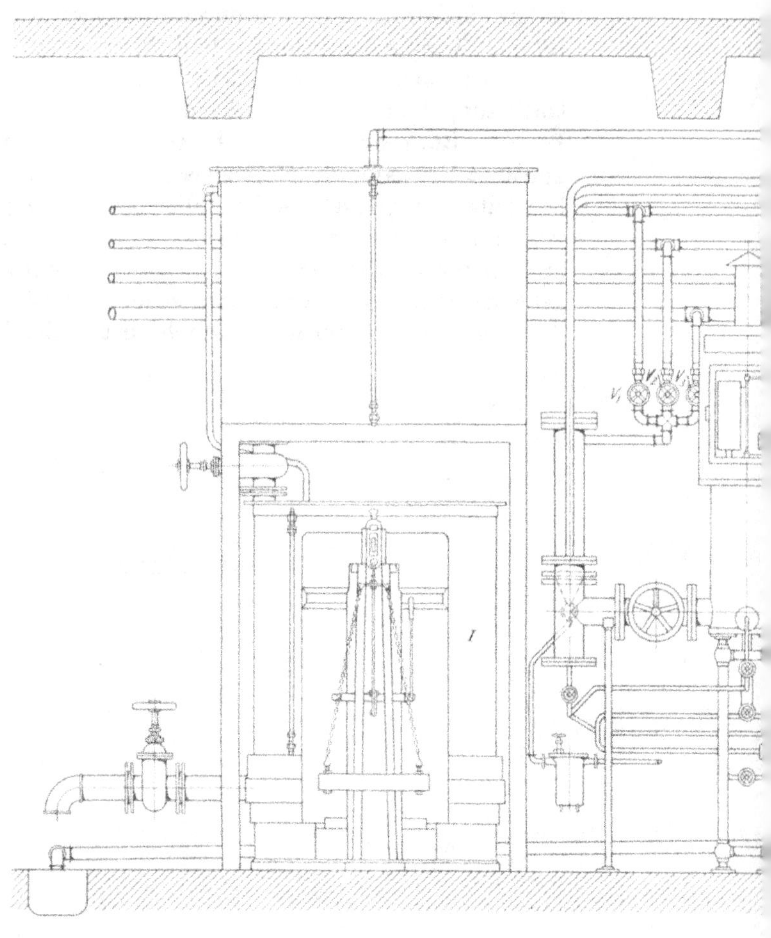

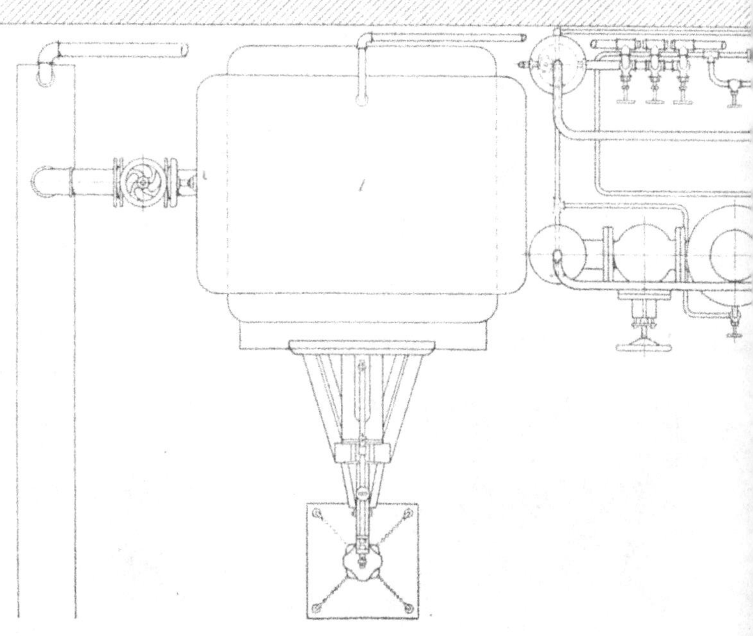

on Kondenstöpfen.

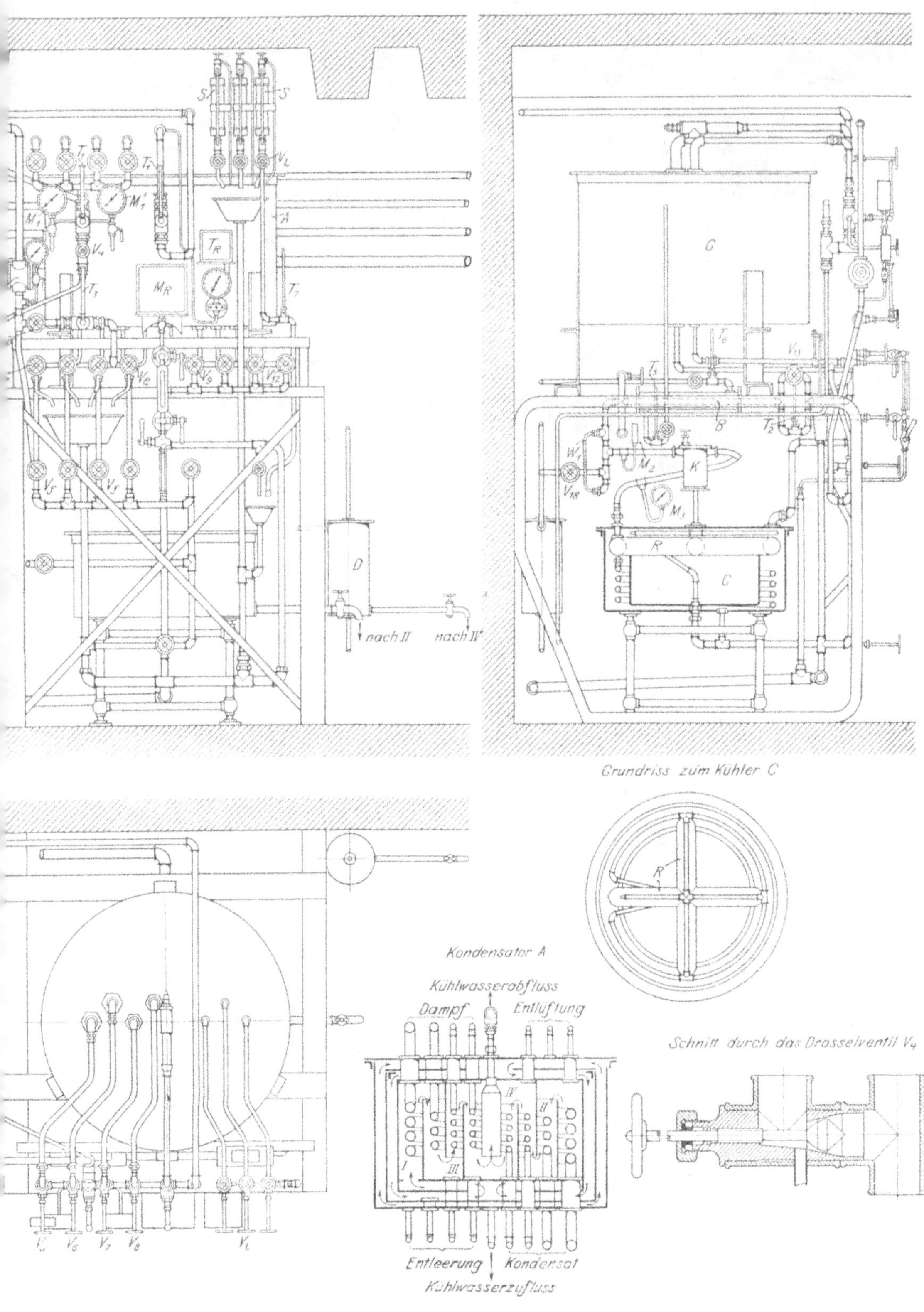

Druck und Verlag von R. Oldenbourg, München und Berlin.

Regl

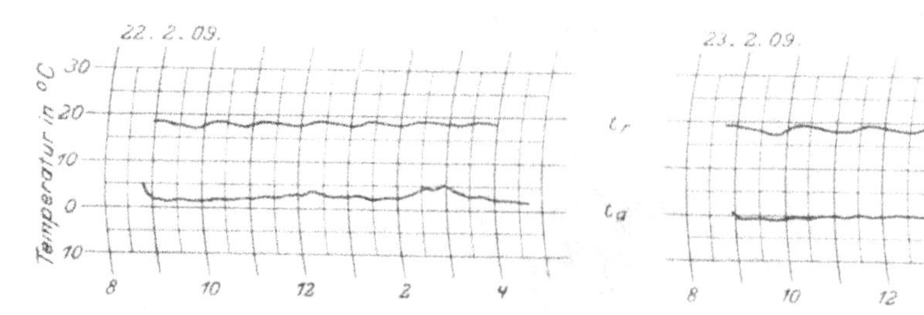

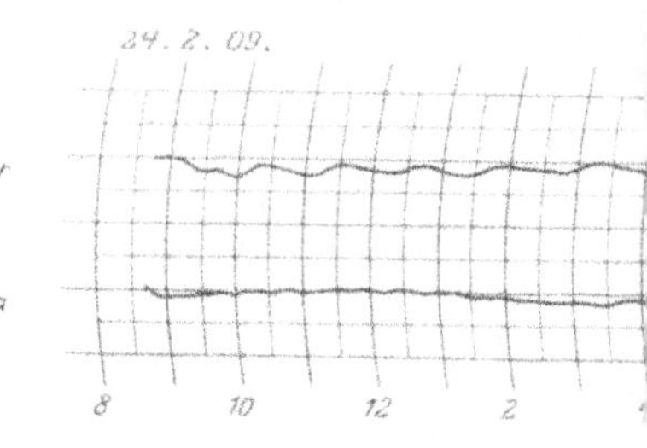

Regler der Fi

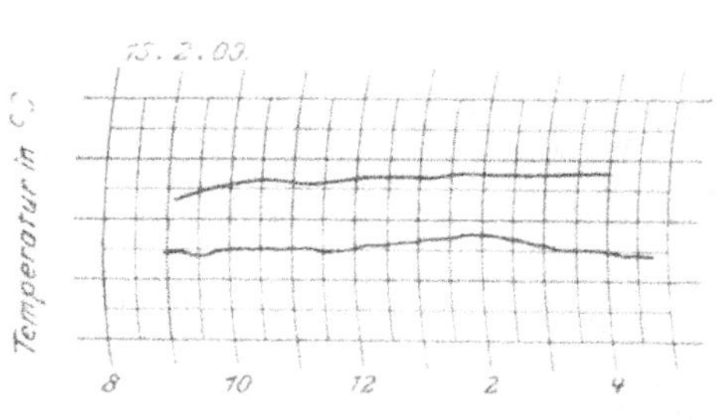

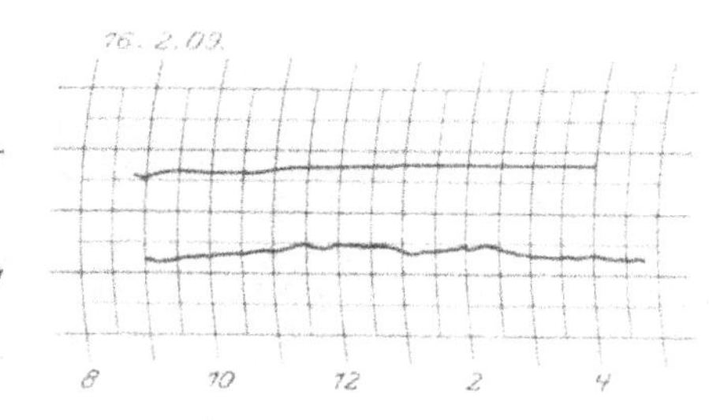

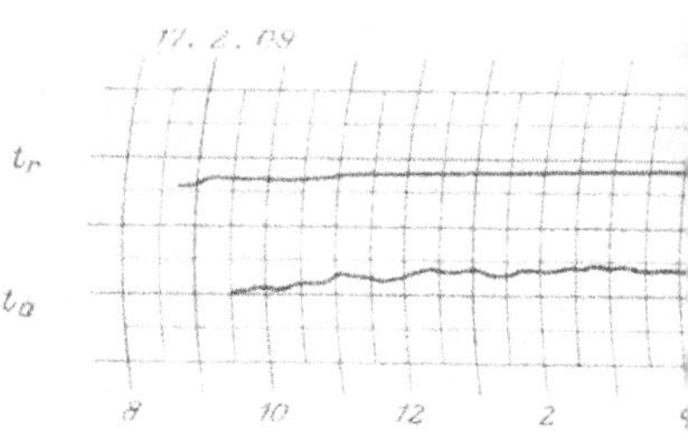

Regler der F

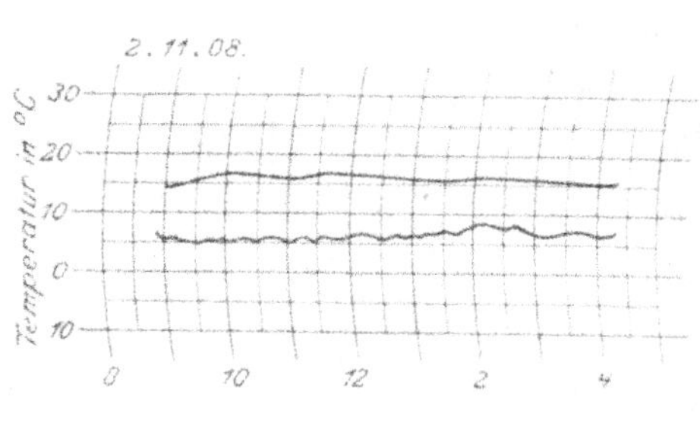

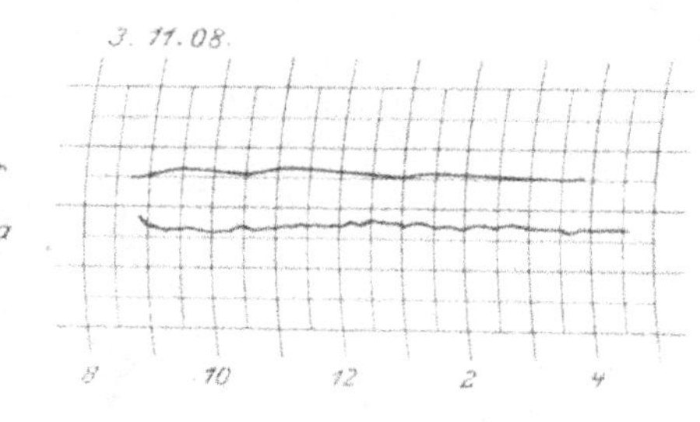

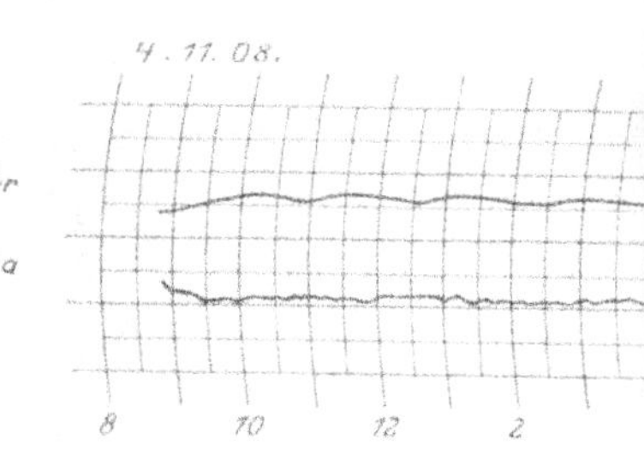

Regl

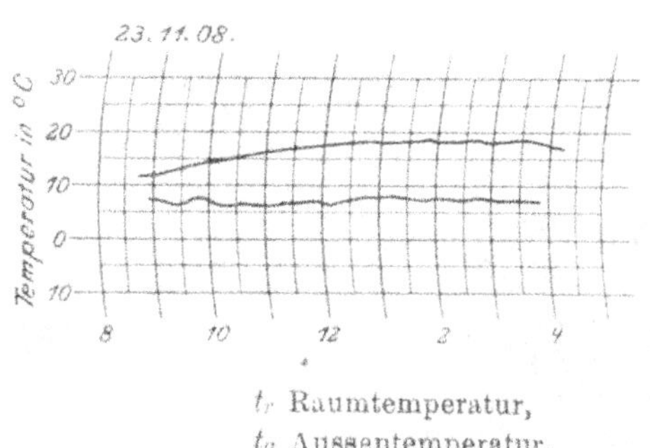

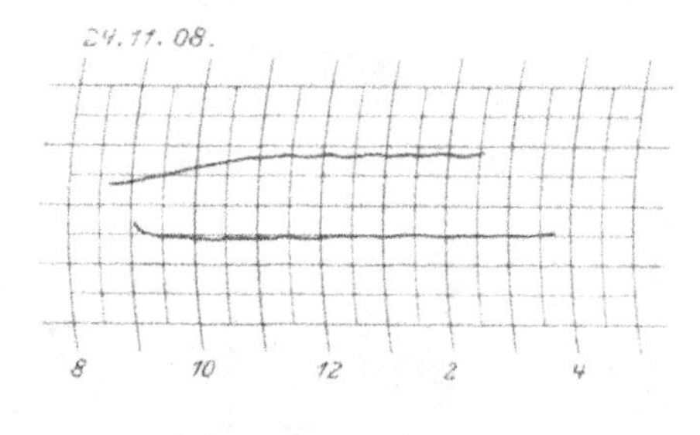

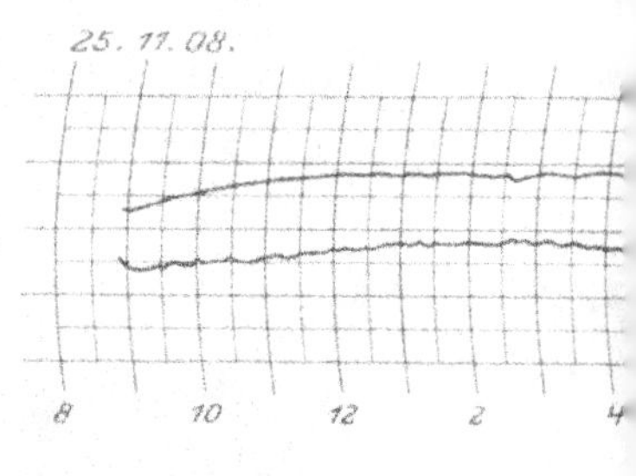

t_r Raumtemperatur,
t_a Aussentemperatur.

Regler der Gesellschaft für s

Tafel II.

zungen.

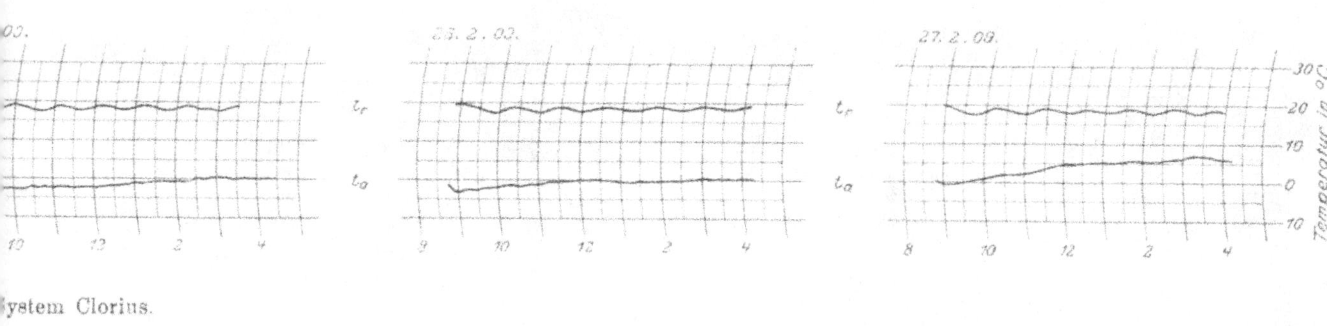

System Clorius.

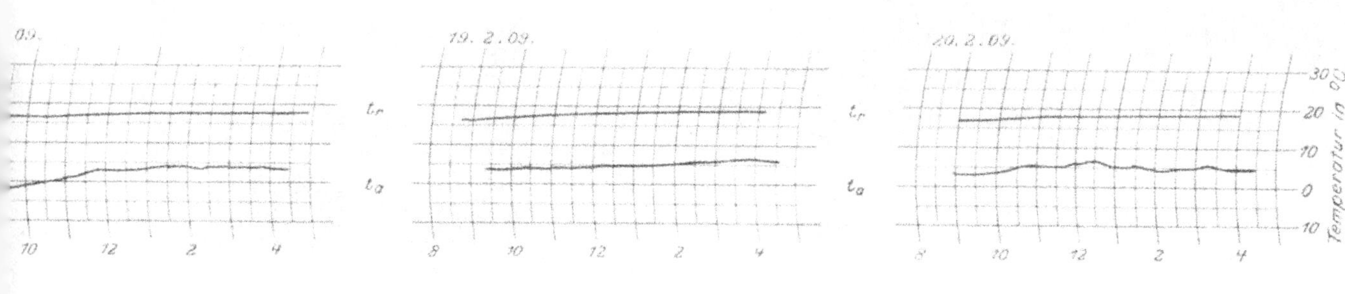

Dr. Brabbée.

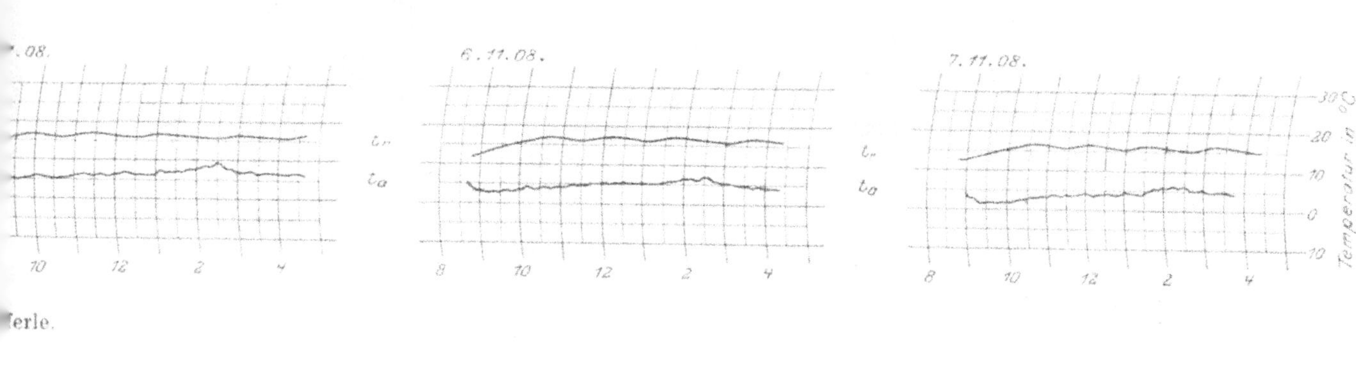

erle.

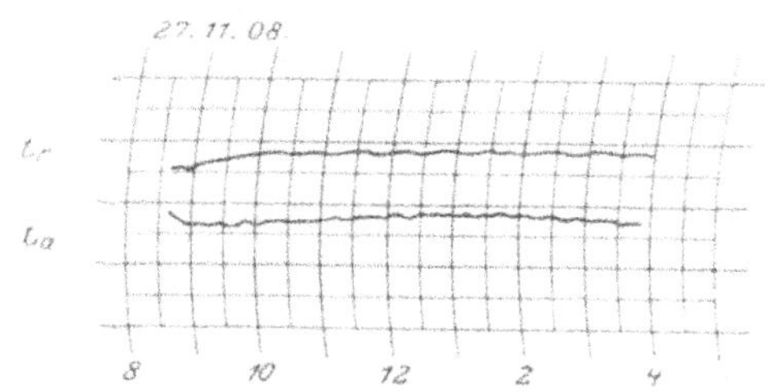

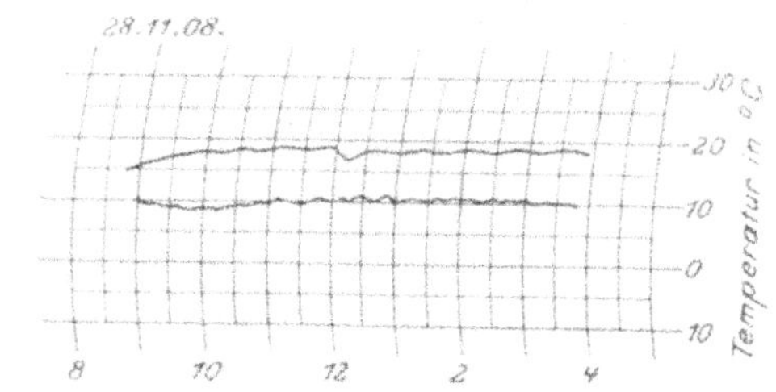

urregelung, System Johnson.

Druck und Verlag von R. Oldenbourg, München und Berlin.

Regler

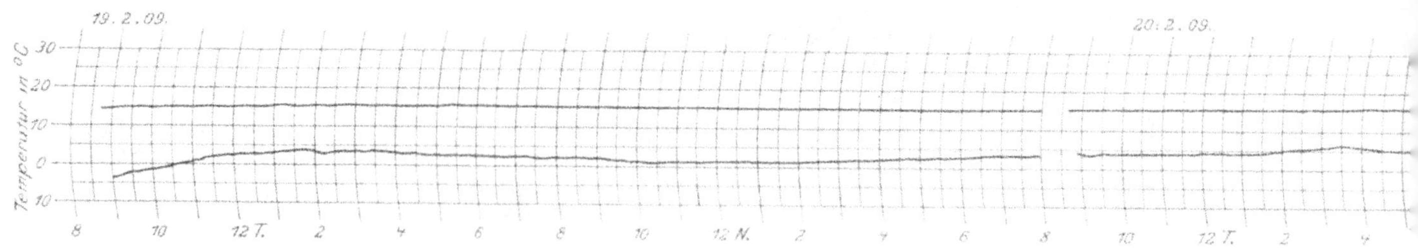

Regler d

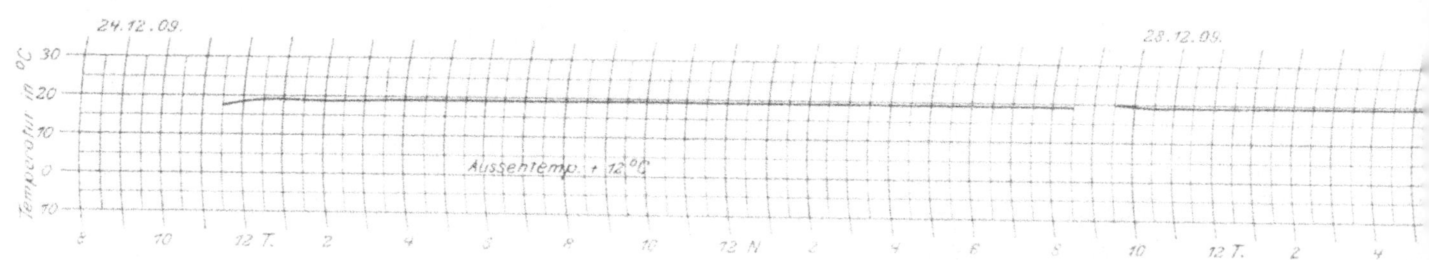

Regler d

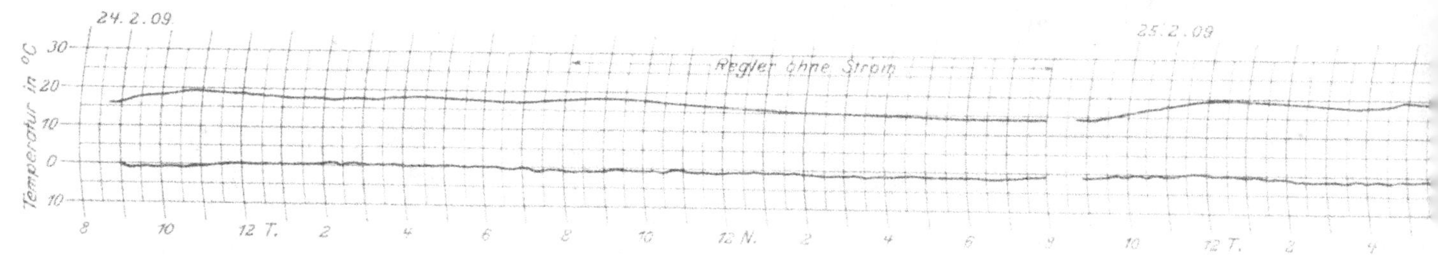

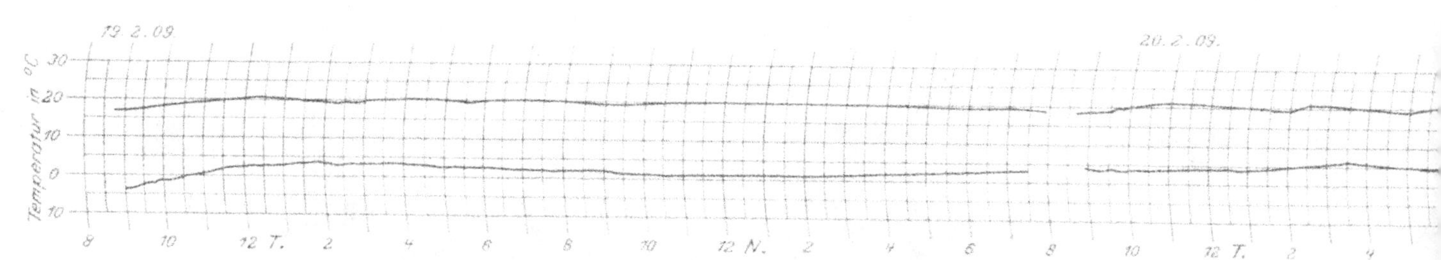

t_r Raumtemperatur,
t_a Außentemperatur

Regler der Gesellschaft für

erheizungen.

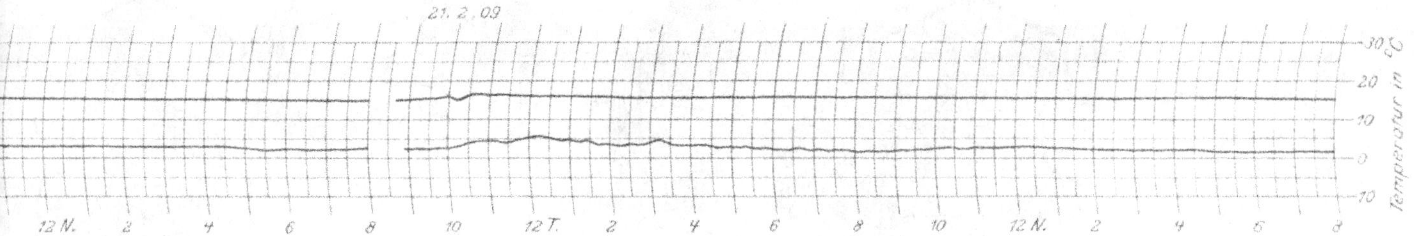

ze, System Clorius.

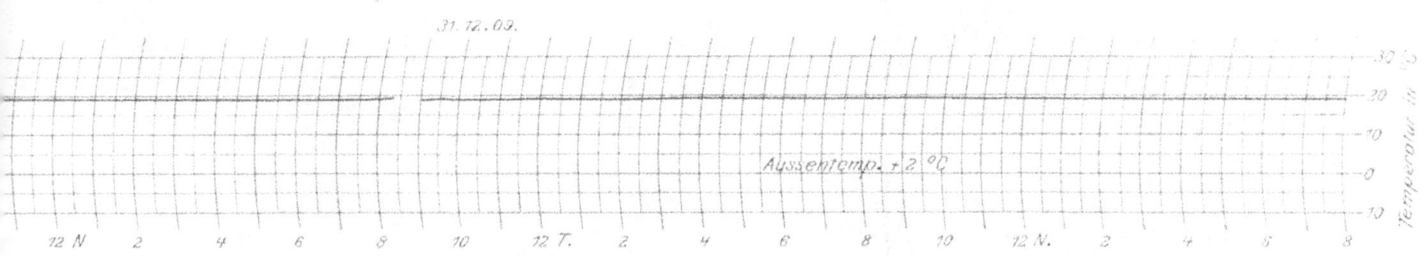

stem Dr. Brabbée.

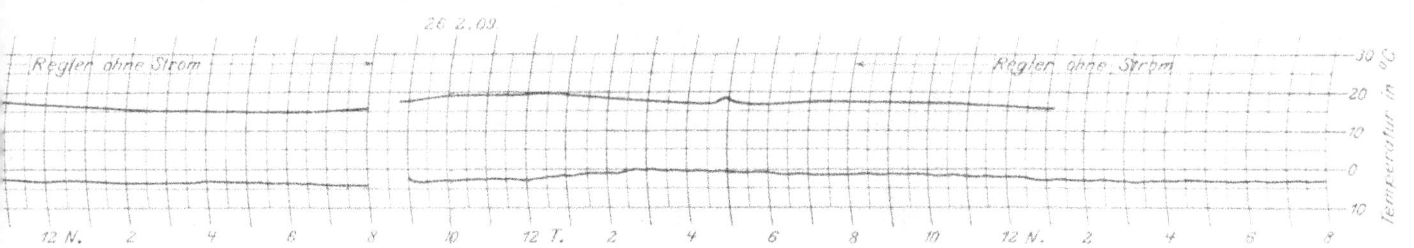

Kaeferle.

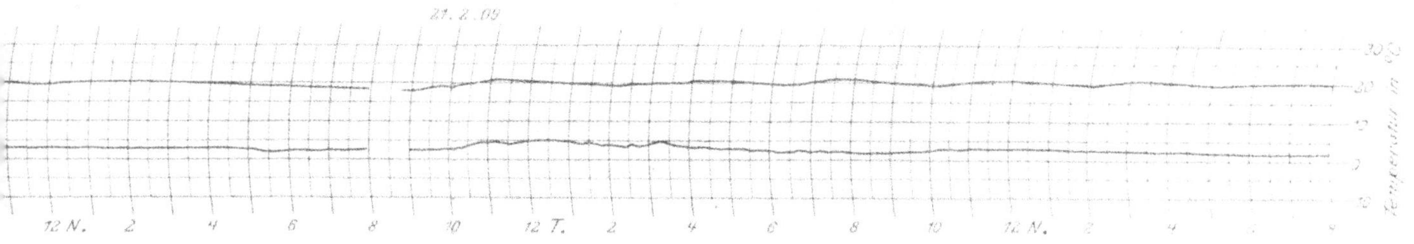

turregelung, System Johnson.

Druck und Verlag von R. Oldenbourg, München und Berlin.

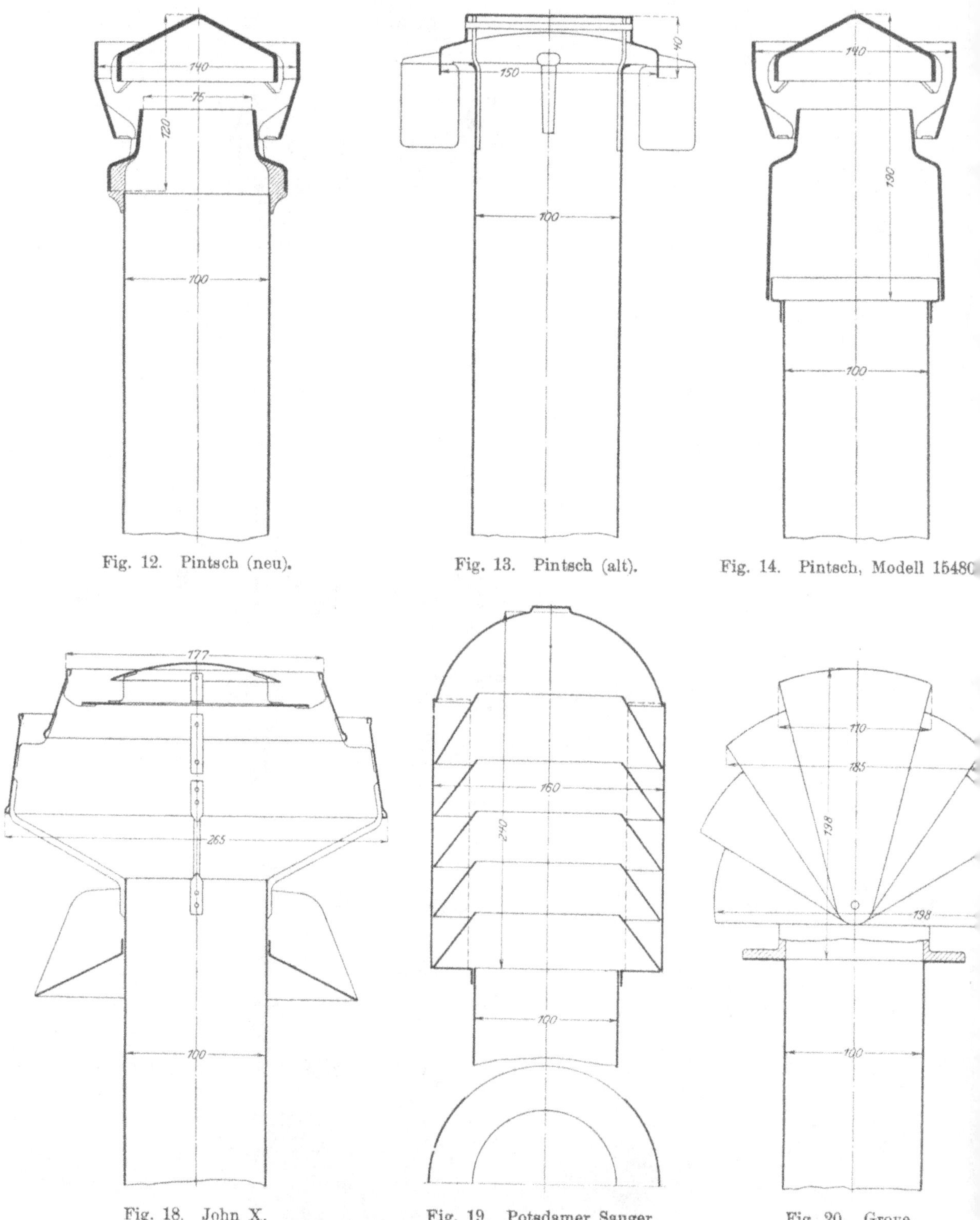

Fig. 12. Pintsch (neu).

Fig. 13. Pintsch (alt).

Fig. 14. Pintsch, Modell 15480

Fig. 18. John X.

Fig. 19. Potsdamer Sauger.

Fig. 20. Grove.

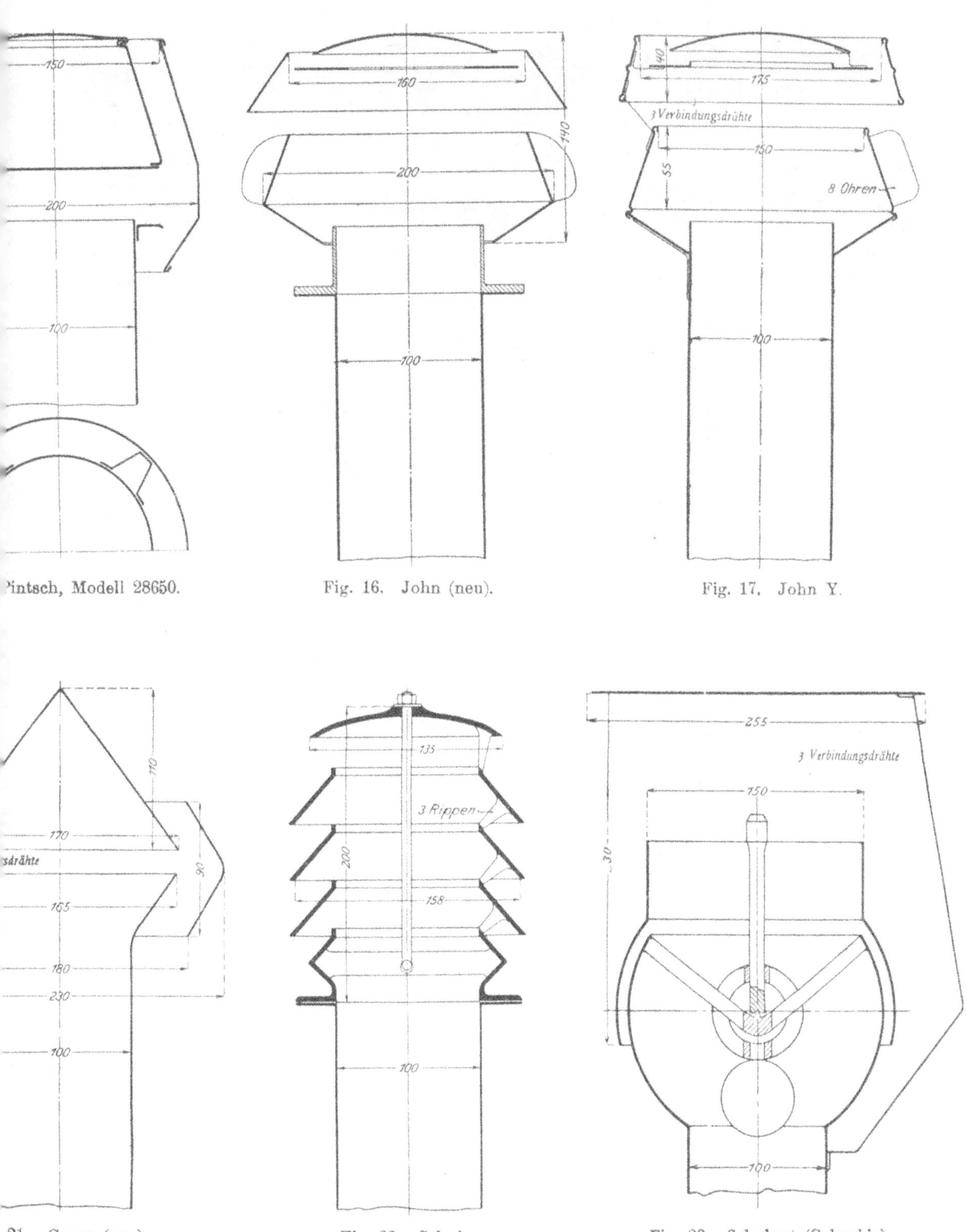

Pintsch, Modell 28650.

Fig. 16. John (neu).

Fig. 17. John Y.

21. Grove (neu).

Fig. 22. Schulze.

Fig. 23. Schubert (Columbia).

Druck und Verlag von R. Oldenbourg, München und Berlin.

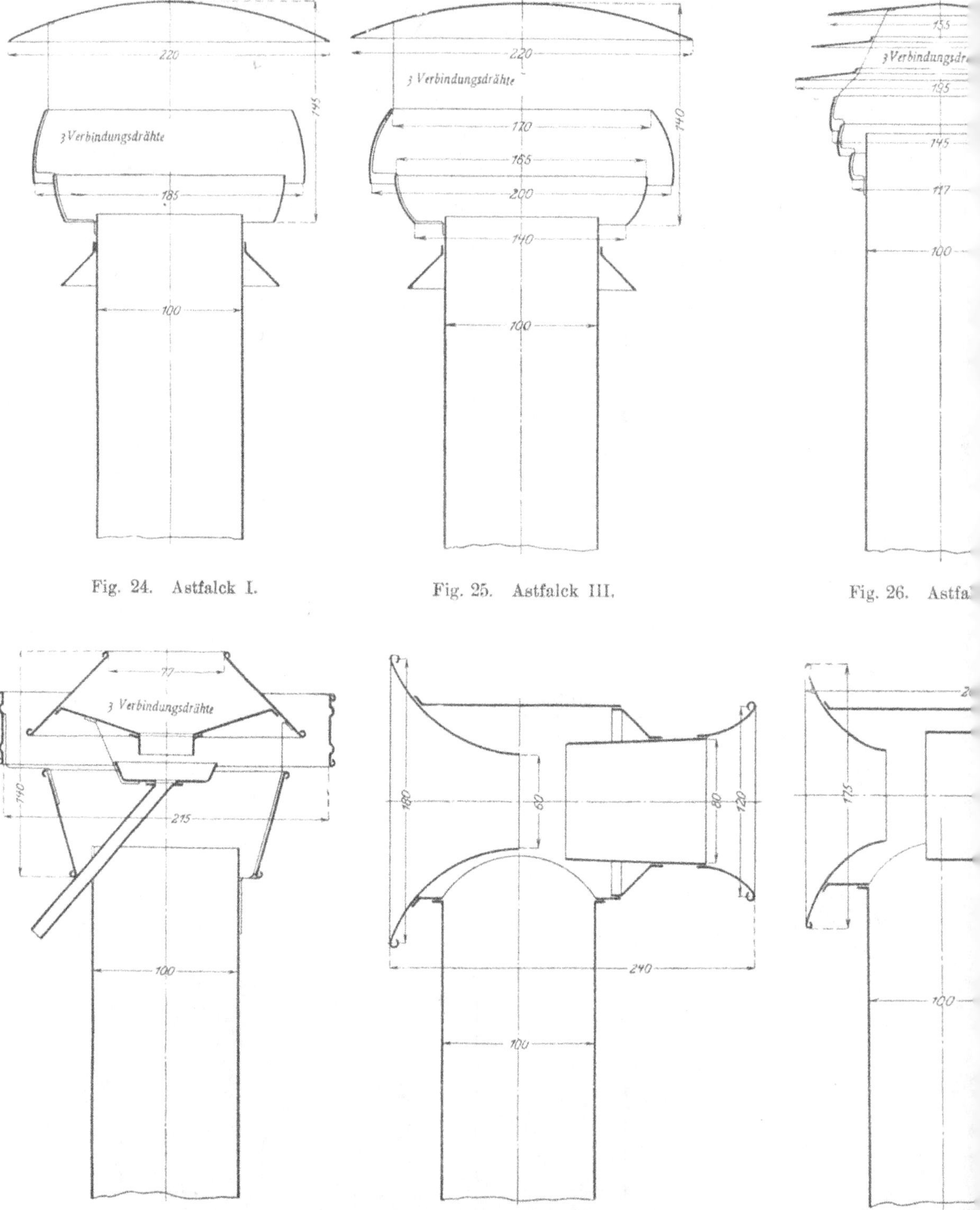

Fig. 24. Astfalck I.

Fig. 25. Astfalck III.

Fig. 26. Astfa

Fig. 29. Norddeutscher Lloyd II.

Fig. 30. Norddeutscher Lloyd III.

Fig. 31. Norddeuts

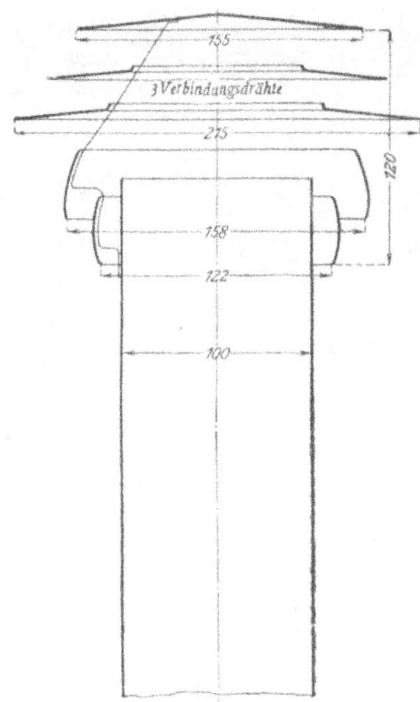

Fig. 27. Astfalck IV.

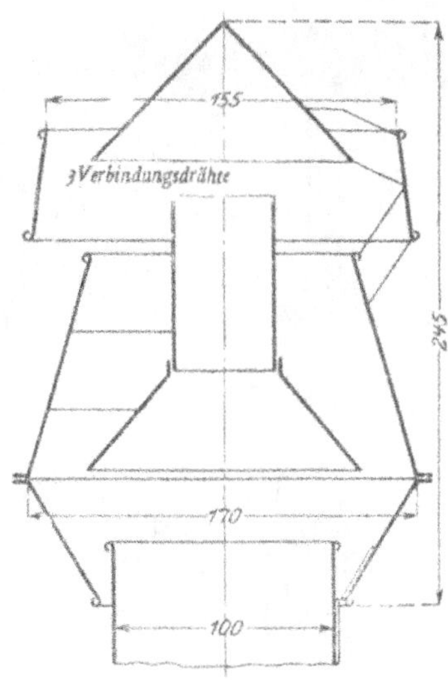

Fig. 28. Norddeutscher Lloyd I.

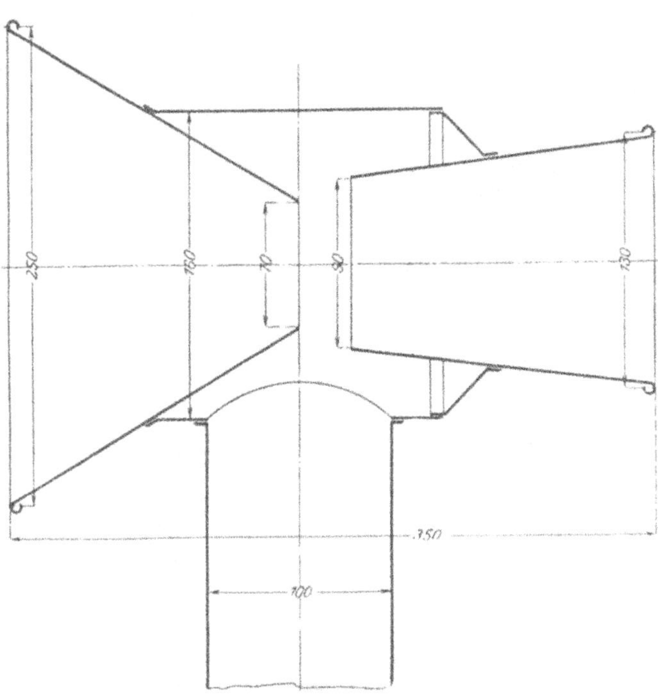

Fig. 32. Norddeutscher Lloyd V.

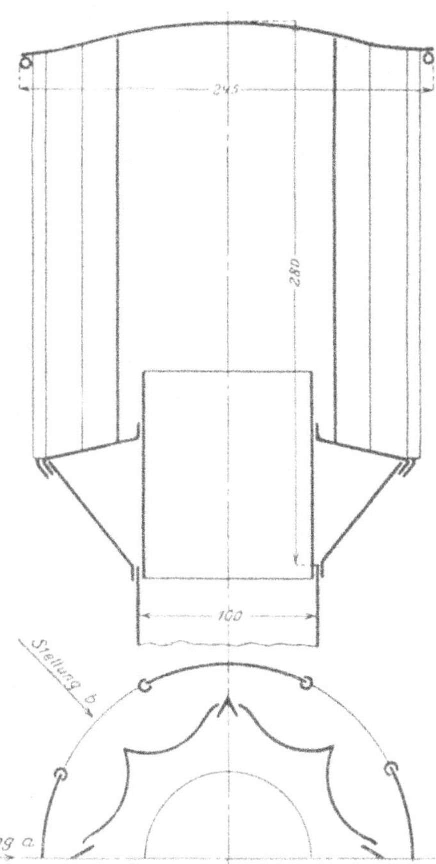

Fig. 33. Norddeutscher Lloyd VI.

Druck und Verlag von R. Oldenbourg, München und Berlin.

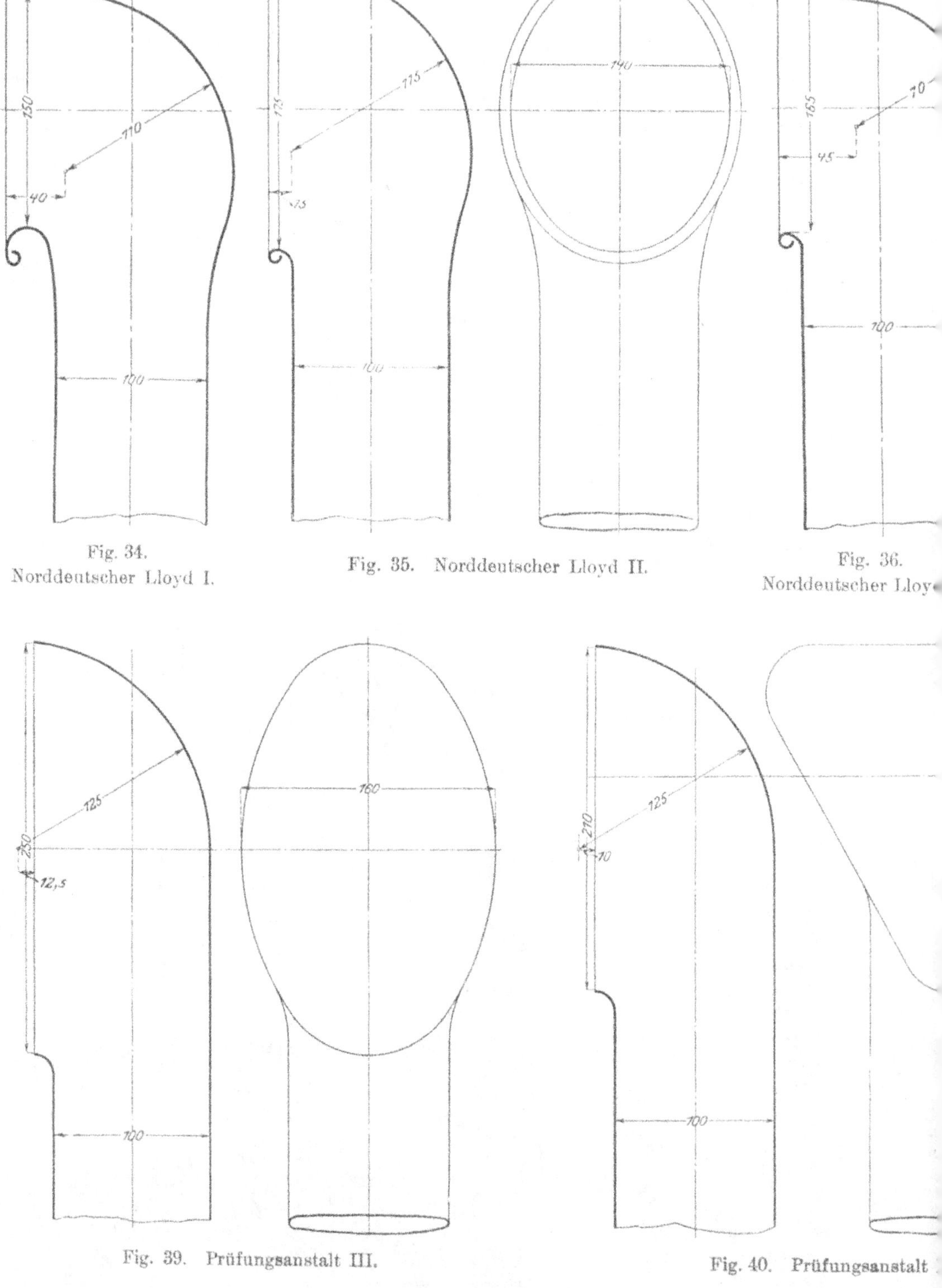

Fig. 34. Norddeutscher Lloyd I.

Fig. 35. Norddeutscher Lloyd II.

Fig. 36. Norddeutscher Lloy

Fig. 39. Prüfungsanstalt III.

Fig. 40. Prüfungsanstalt

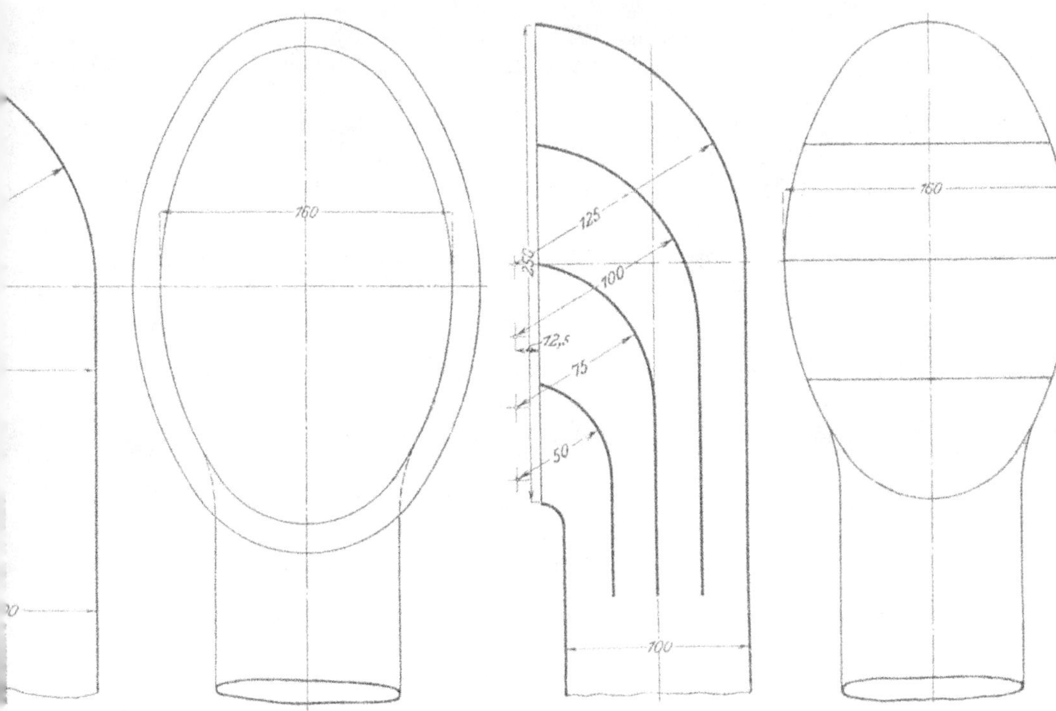

Fig. 37. Prüfungsanstalt I.

Fig. 38. Prüfungsanstalt II.

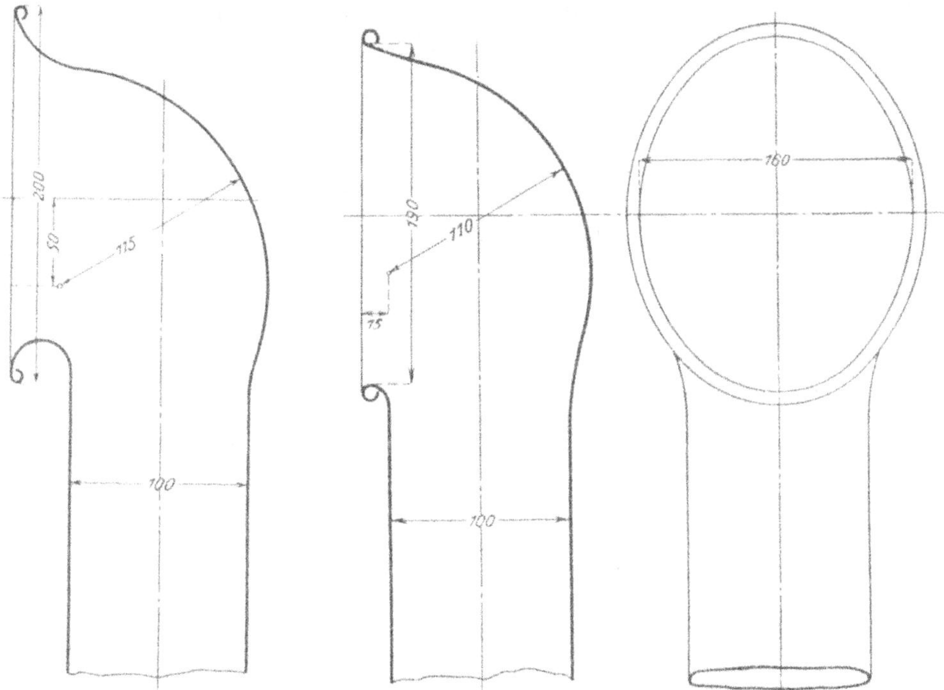

Fig. 41. Prüfungsanstalt V.

Fig. 42. Prüfungsanstalt VI.

Druck und Verlag von R. Oldenbourg, München und Berlin.

Blatt 1.

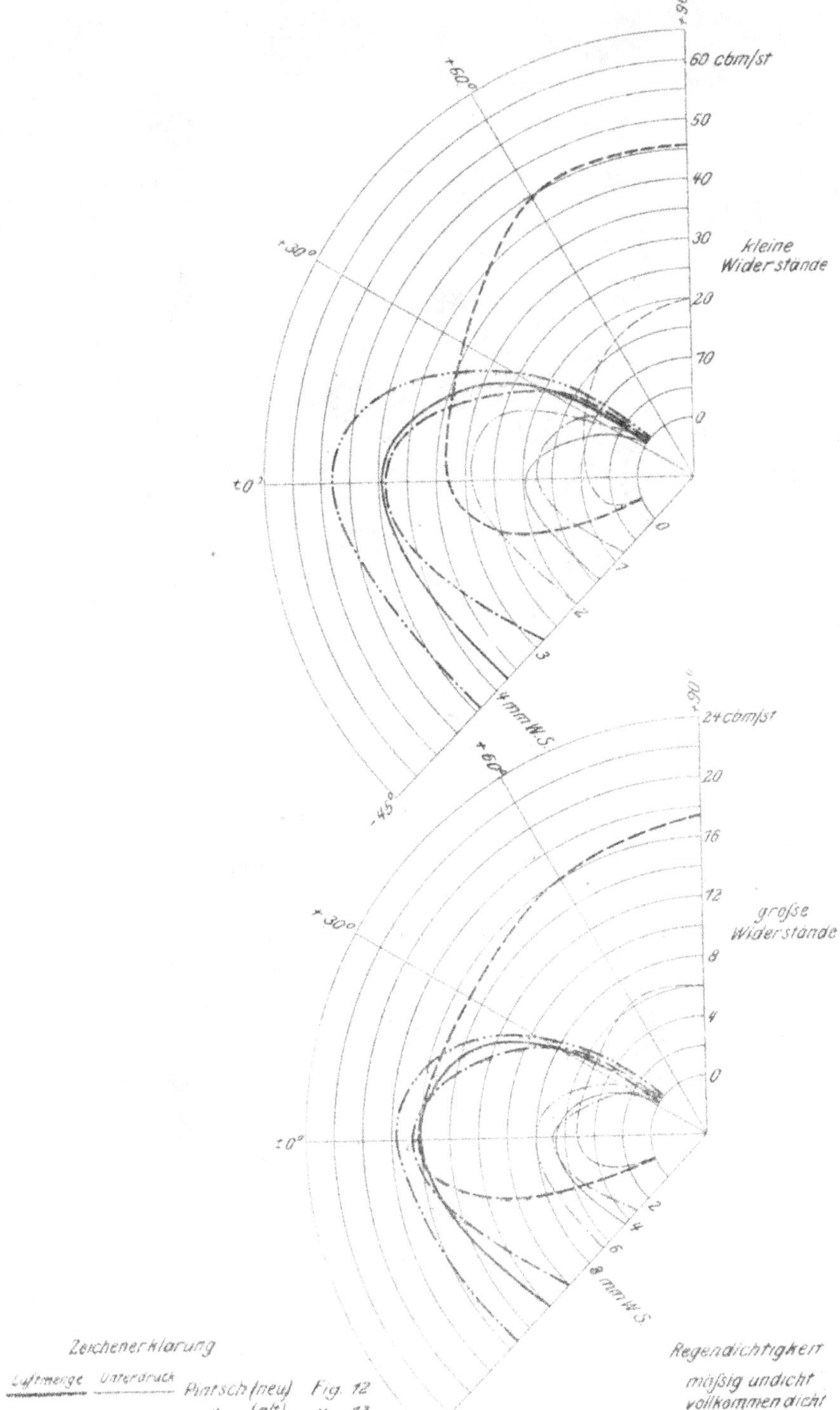
+90°
60 cbm/st
50
40
30
20
10
0
+60°
+30°
±0°
-45°
0
1
2
3
4 mm W.S.
kleine Widerstände
+90°
24 cbm/st
20
16
12
8
4
0
+60°
+30°
±0°
-45°
2
4
6
8 mm W.S.
große Widerstände
Zeichenerklärung
Luftmenge Unterdruck
Pintsch (neu) Fig. 12
" (alt) " 13
" 15480 " 14
" 29650 " 15
Regendichtigkeit
mäßig undicht
vollkommen dicht
mäßig undicht
sehr undicht

Blatt 2.

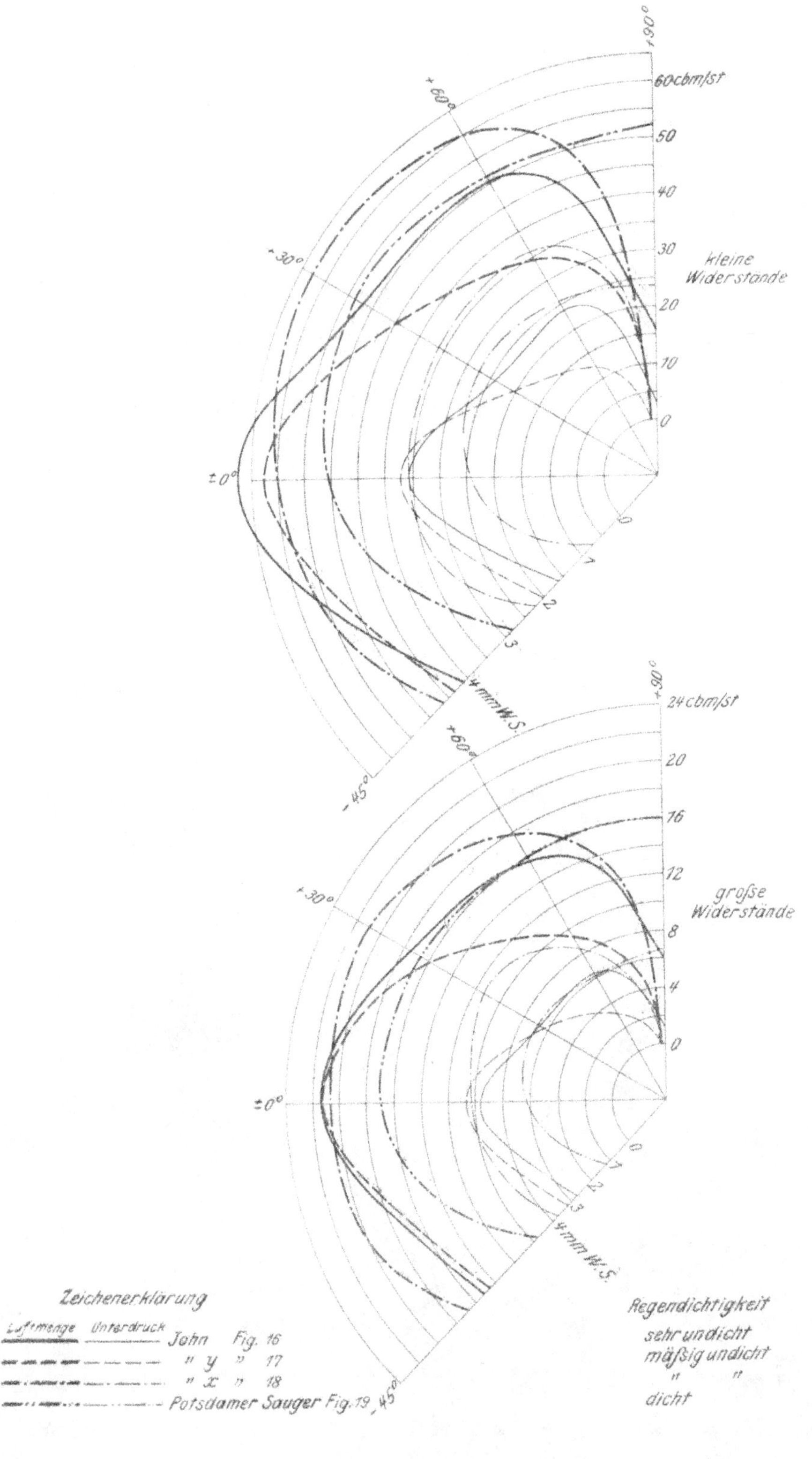

+90°
60cbm/st
+60°
50
40
30
kleine Widerstände
+30°
20
10
0
±0°
0
1
2
3
4mm W.S.
-45°
+90°
24cbm/st
+60°
20
16
12
große Widerstände
+30°
8
4
0
±0°
0
1
2
3
4mm W.S.
Zeichenerklärung
Luftmenge Unterdruck John Fig. 16
" y " 17
" x " 18
Potsdamer Sauger Fig. 19
-45°
Regendichtigkeit
sehr undicht
mäßig undicht
" "
dicht

Blatt 3.

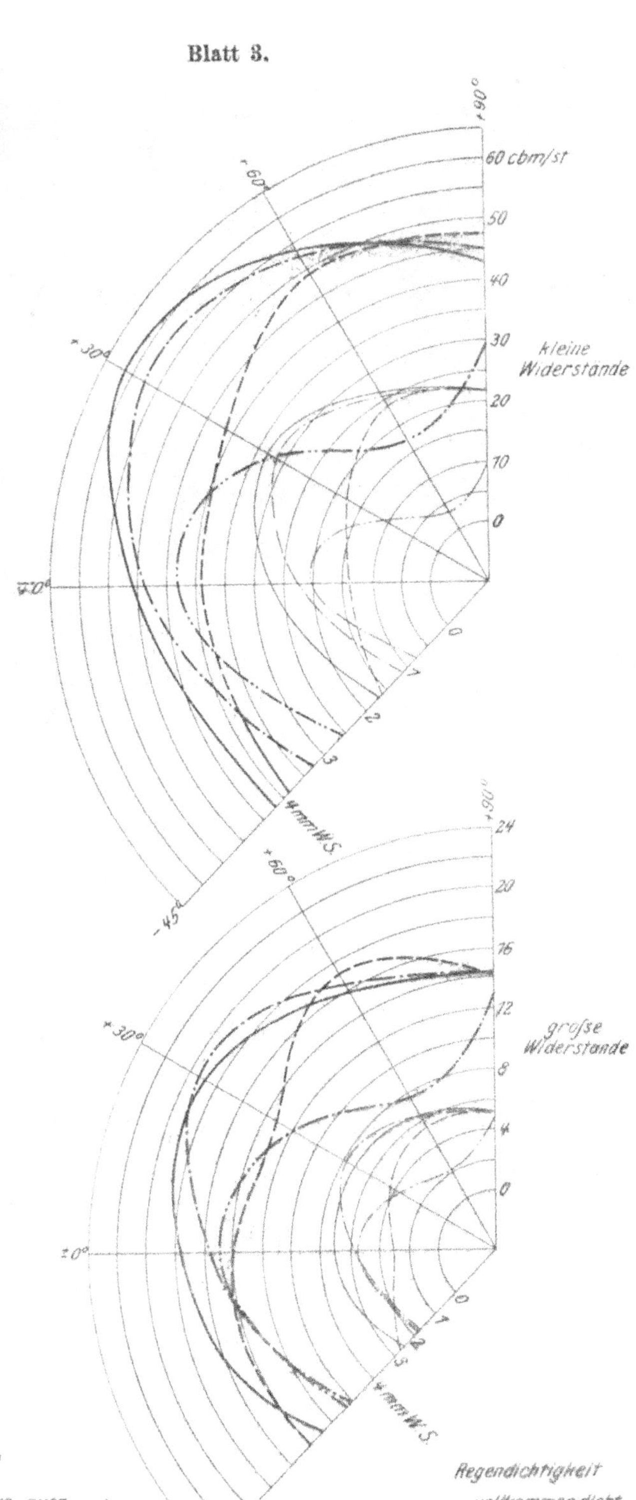

+90°
60 cbm/st
50
40
30
20
10
0
kleine Widerstände
+60°
+30°
±0°
-45°
0
1
2
3
4 mm W.S.
+90°
24
20
16
12
8
4
0
große Widerstände
+60°
+30°
±0°
0
1
2
3
4 mm W.S.
-45°
Zeichenerklärung
Luftmenge Unterdruck
Grove quer
" längs
" über Eck
Fig. 20
" (neu) ---- " 21
Regendichtigkeit
vollkommen dicht
mäßig undicht
dicht
mäßig undicht

Blatt 4.

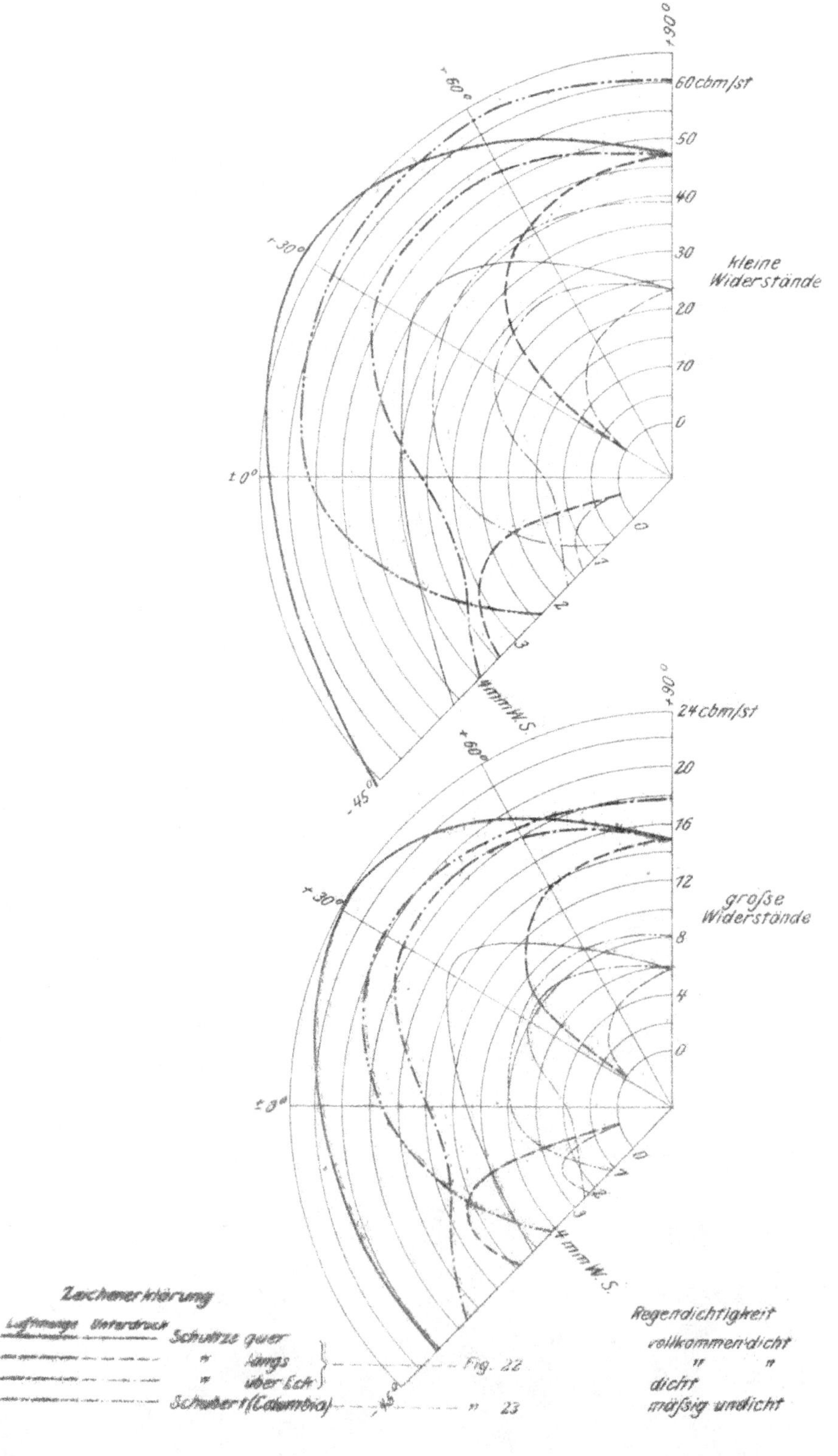

+90°
60 cbm/st
50
40
30
20
10
0
kleine Widerstände
+60°
+30°
±0°
-45°
0
1
2
3
4 mm W. S.
+90°
24 cbm/st
20
16
12
8
4
0
große Widerstände
+60°
+30°
±0°
0
1
2
3
4 mm W. S.
Zeichenerklärung
Luftmenge Unterdruck
Schutze quer
" längs
" über Eck
Schubert (Columbia)
Fig. 22
" 23
-45°
Regendichtigkeit
vollkommen dicht
" "
dicht
mäßig undicht

Blatt 5.

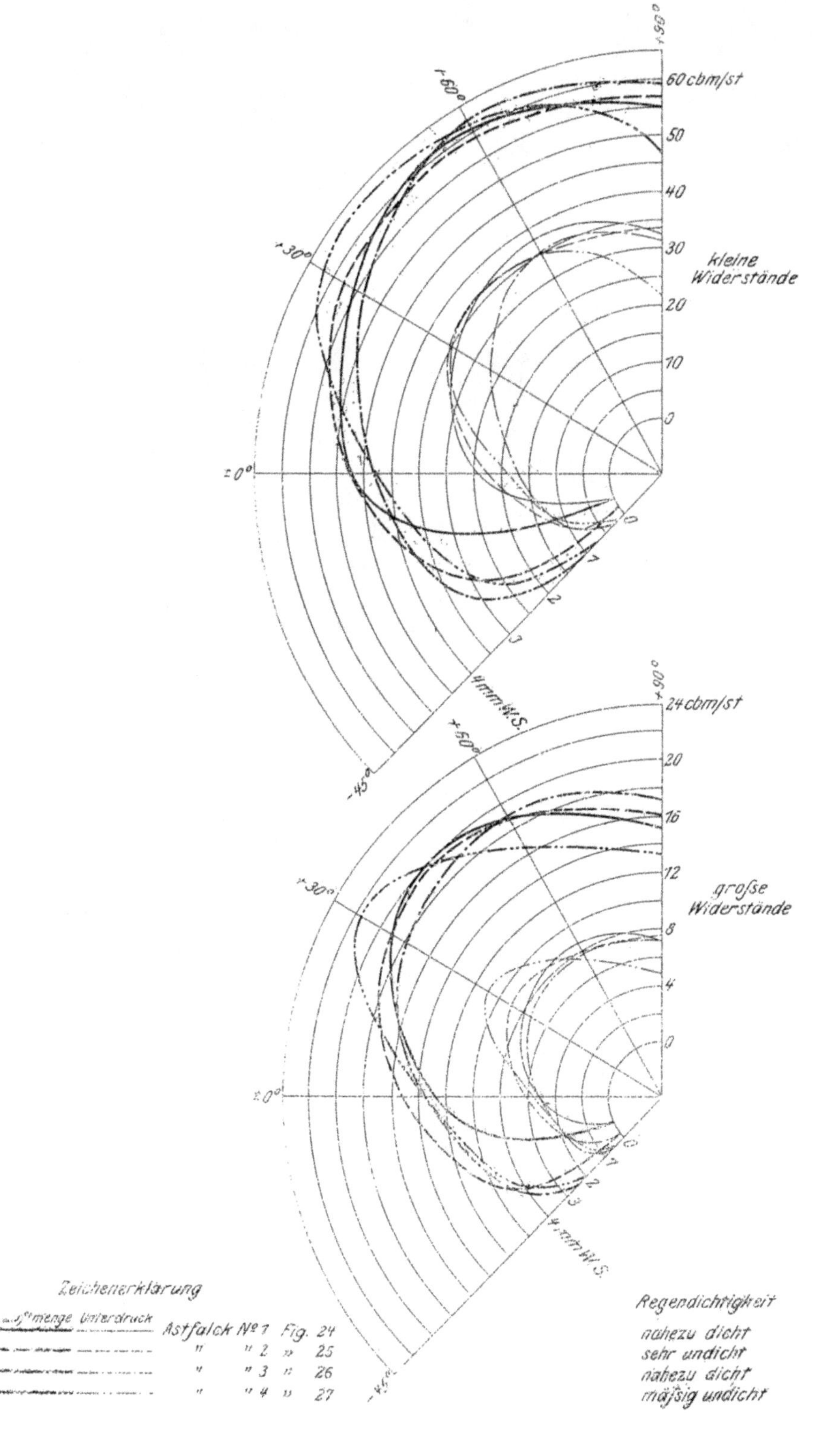
+90°
60 cbm/st
50
40
30
20
10
0
kleine Widerstände
+60°
+30°
±0°
-45°
0
1
2
3
4 mm W.S.
+90°
24 cbm/st
20
16
12
8
4
0
große Widerstände
+60°
+30°
±0°
-45°
0
1
2
3
4 mm W.S.
Zeichenerklärung
Unterdruck
Astfalck № 1 Fig. 24
" " 2 " 25
" " 3 " 26
" " 4 " 27
Regendichtigkeit
nahezu dicht
sehr undicht
nahezu dicht
mäßig undicht

Blatt 6.

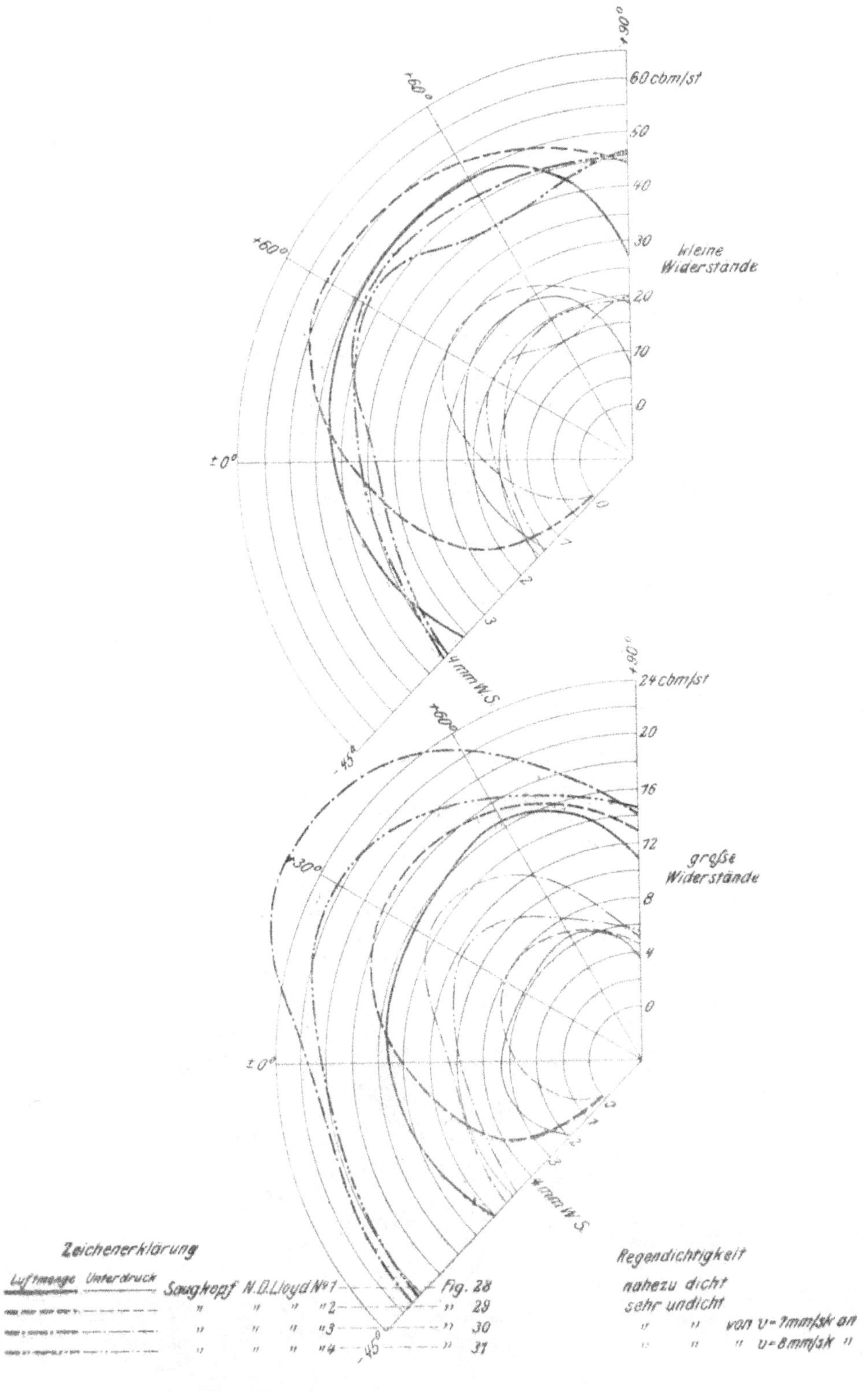
+90°
60 cbm/st
50
40
30
20
10
0
kleine Widerstände
+60°
±0°
0
1
2
3
4 mm W.S.
-45°
24 cbm/st
20
16
12
8
4
0
große Widerstände
+30°
Zeichenerklärung
Luftmenge Unterdruck
Saugkopf N.D.Lloyd No 1 — Fig. 28
" " " " 2 — " 29
" " " " 3 — " 30
" " " " 4 — " 31
Regendichtigkeit
nahezu dicht
sehr undicht
" " von v=7mm/sk an
" " " v=8mm/sk "

Blatt 7.

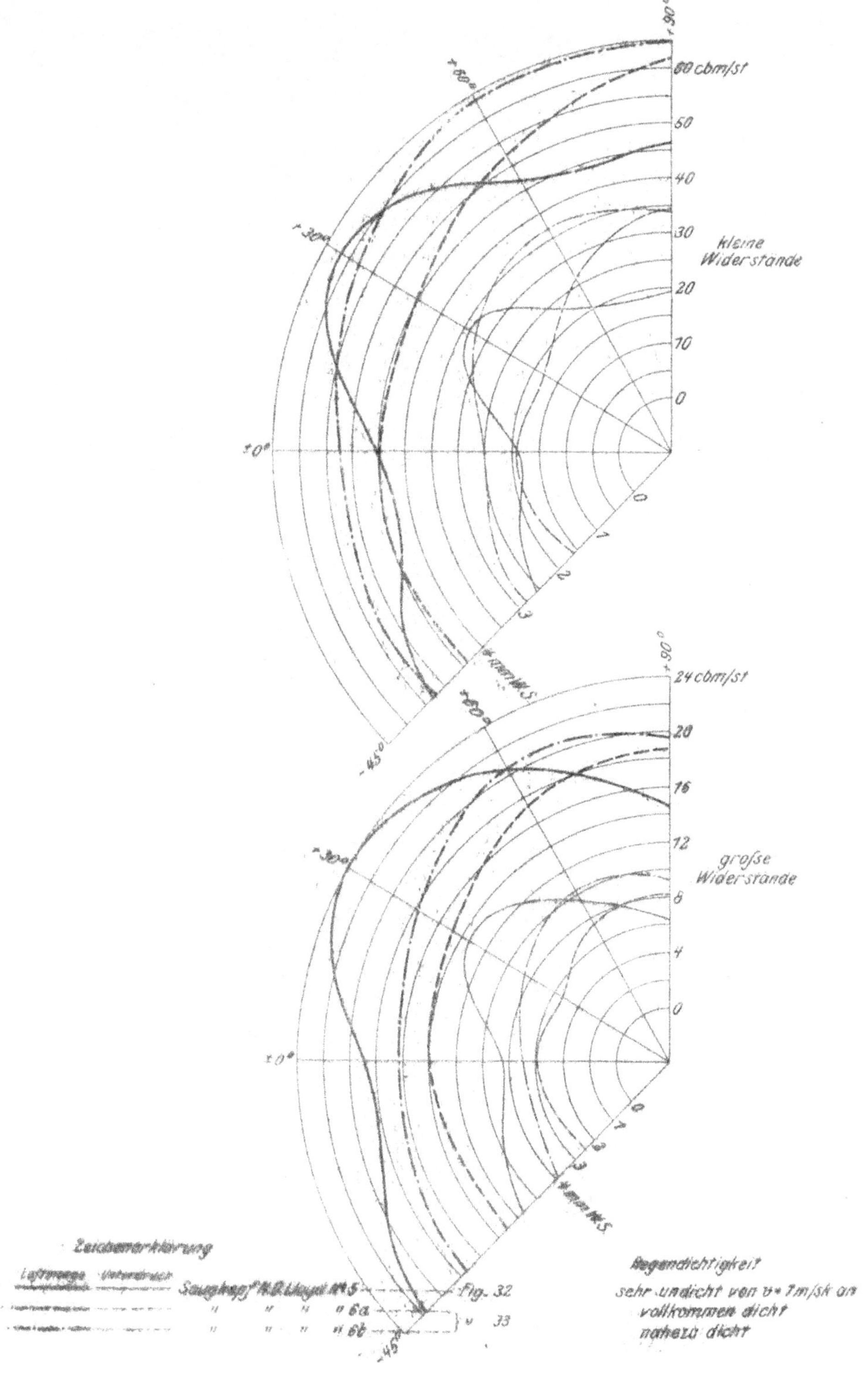
+90°
80 cbm/st
+60°
60
40
30
kleine
Widerstande
+30°
20
10
0
±0°
0
1
2
3
4 mm W.S
−45°
+90°
24 cbm/st
+60°
20
16
12
grofse
Widerstande
+30°
8
4
0
±0°
0
1
2
3
4 mm W.S
Zeichenerklärung
Luftmenge
Unterdruck
Fig. 32
" 6a
" 6b
" 33
−45°
Regendichtigkeit
sehr undicht von v = 7 m/sk an
vollkommen dicht
nahezu dicht

Blatt 8.

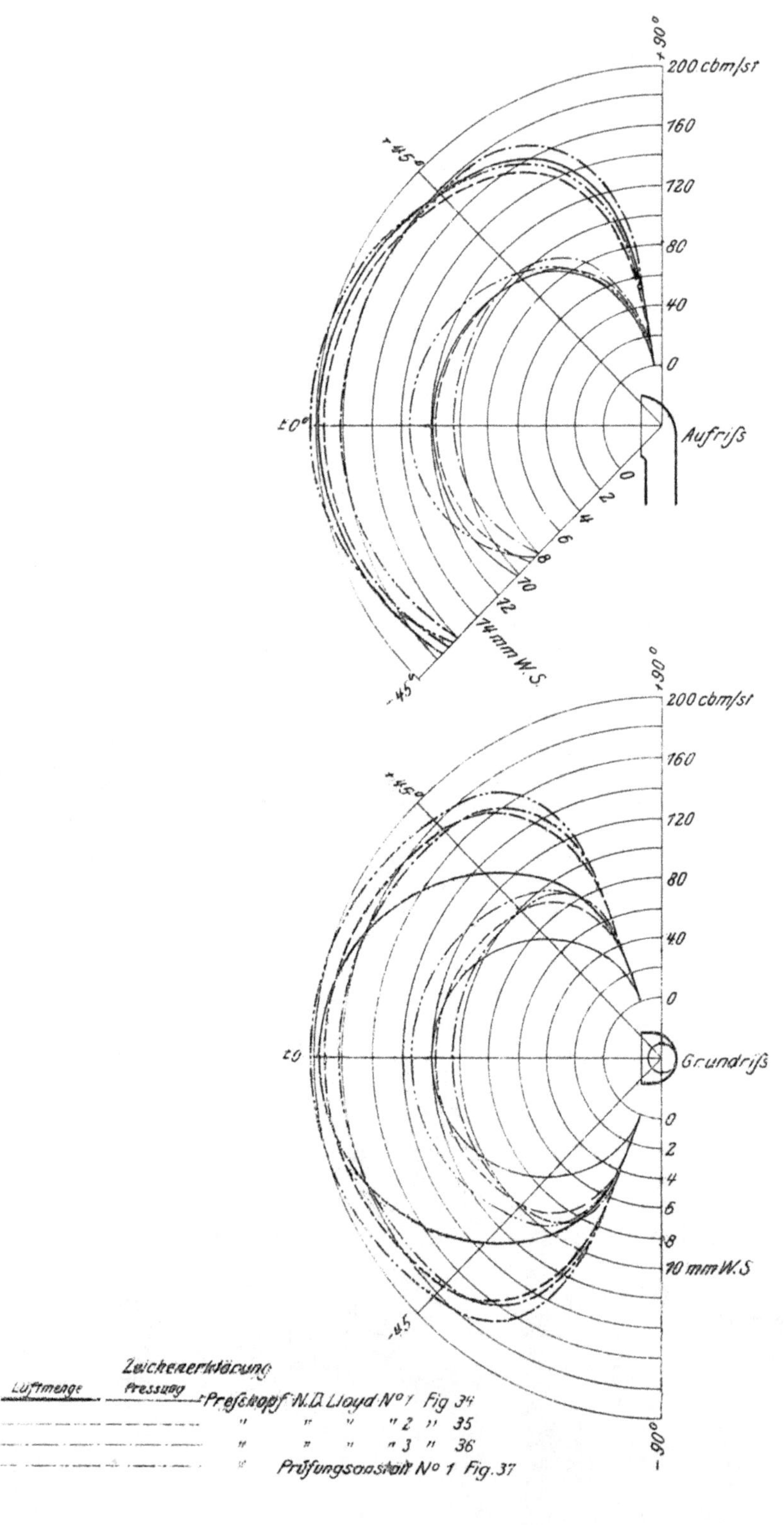
+90°
200 cbm/st
160
120
80
40
0
+45°
±0°
Aufriß
0
2
4
6
8
70
72
74 mm W.S.
-45°
+90°
200 cbm/st
160
120
80
40
0
+45°
±0
Grundriß
0
2
4
6
8
10 mm W.S
-45
-90°
Zeichenerklärung
Luftmenge
Pressung
Preßkopf N.D. Lloyd N° 1 Fig 34
" " " " 2 " 35
" " " " 3 " 36
" Prüfungsanstalt N° 1 Fig. 37

Blatt 9.

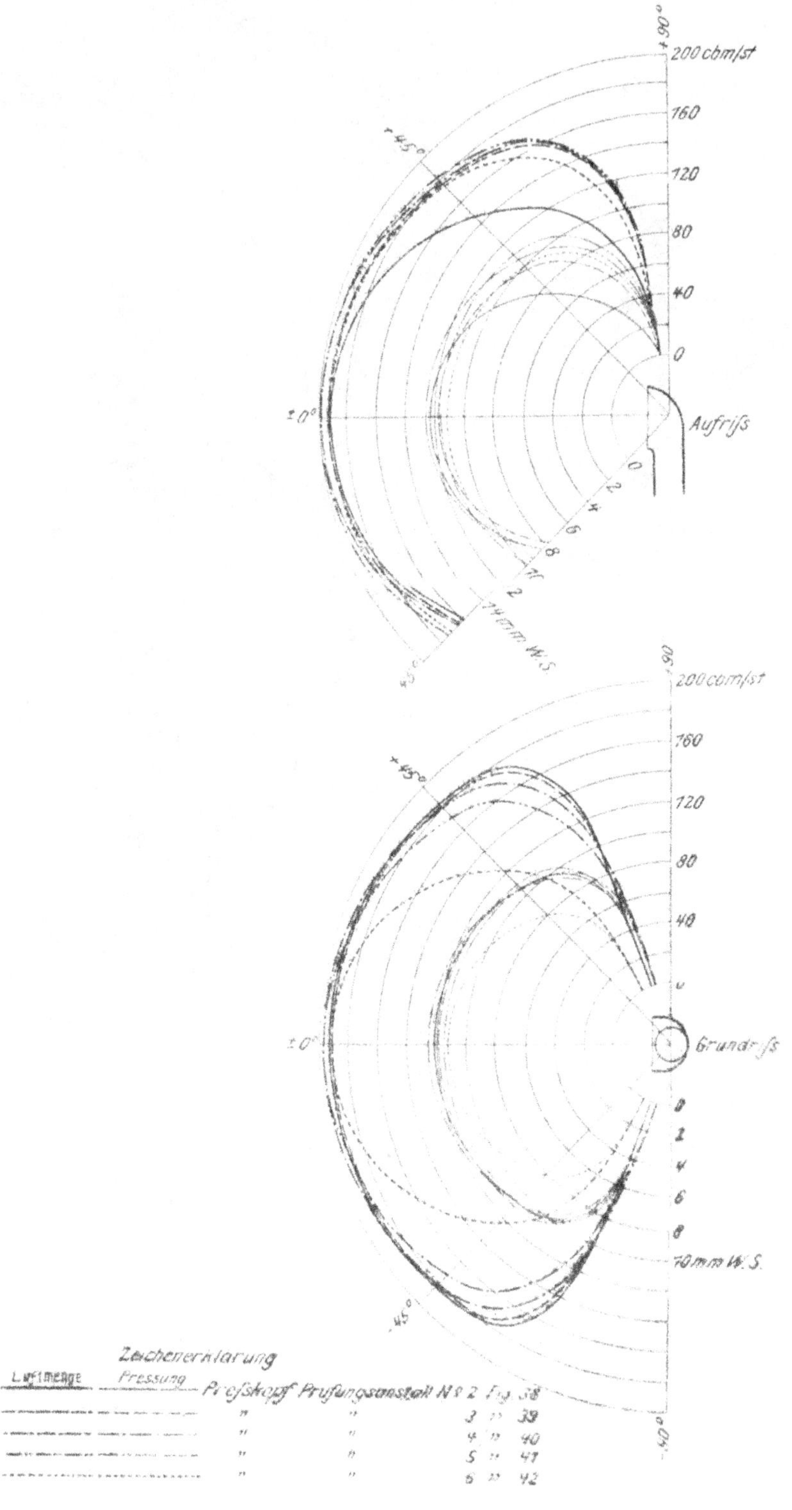

+90°
200 cbm/st
160
120
80
40
0
+45°
±0°
Aufriß
0
2
4
6
8
10
12
14 mm W. S.
-45°
90
200 cbm/st
160
120
80
40
+45°
±0°
Grundriß
0
2
4
6
8
10 mm W. S.
-45°
-90°
Zeichenerklärung
Luftmenge
Pressung
Preßkopf Prüfungsanstalt Nr. 2 Fig. 38
" " 3 " 39
" " 4 " 40
" " 5 " 41
" " 6 " 42

www.ingramcontent.com/pod-product-compliance
Lightning Source LLC
Chambersburg PA
CBHW081430190326
41458CB00020B/6157
9783486738766